똥박사
마 부장의

장내 미생물 이야기

똥박사 마 부장의

장내 미생물 이야기

목차

Intro

휴먼 마이크로바이옴은 인체에 존재하는 세균을 비롯한 미생물을 의미합니다. 인체에 세균이 있는 건 알았지만 이렇게 다양하고 많은 줄은 미처 모르고 있다가 유전공학의 발전으로 인하여 엄청나게 많은 연구가 행해졌고 수많은 논문이 쏟아져 나오고 있습니다.

인종마다 다르고 사람마다 다른 이 인체 내 미생물을 분석하고 해석하는 다양한 방법들이 만들어지고 있습니다. 같은 데이터도 해석하는 사람에 따라 제각기 해석이 다르고 솔루션 역시 다릅니다. 하지만 공통되는 의견은 미생물은 개인의 건강에 매우 지대한 영향을 미친다는 사실입니다.

엔지니어 출신인 저자는 많은 임상 증상과 생활습관을 장내 미생물 데이터와 연관 분석하여 쉽고 직관적으로 해석하는 방법을 고안하였습니다. 공정 관리에서 사용하는 통계적 공정 관리 기법을 적용하여 개개인이 가진 장 미생물의 특징을 해석하고 있습니다.

"엔지니어는 데이터로 말한다."

과학자들은 선구자입니다. 자꾸만 새로운 균을 찾아내고 그 기능을 연구합니다. 엔지니어는 과학자들이 연구한 균을 데이터로 분석하는 일을 합니다. 우리의 접근은 이렇게 시작되었고 여기에 다양한 생활 데이터를 접목합니다. 엔지니어 시절에 무수히 많은 데이터를 다루었습니다. 이게 무슨 의미를 가지고 있는지도 모르고 그저 기록하고 트랜드만 쳐다보았습니다. 과학적인 메커니즘의 해석은 나중 문제입니다.

'달라지면 이상한 거다.' 아주 단순한 관리 기준이 통계적 공정 관리의 기본적인 개념입니다. 기본이 잘 갖춰지면 그다음에 이론을 얻어 공정의 메커니즘을 더 발전시킬 수 있습니다. 지금 우리가 마이크로바이옴의 데이터를 대하는 태도가 바로 이렇습니다. 아픈 사람한테 공통으로 나오는 균과 대사 물질이 무언지 찾아내는 것 그리고 건강한 사람의 경우는 어떠한지 데이터로 찾아내는 일이 우리가 하고자 하는 일입니다. 수박의 외형만 봐도 어느 정도는 잘 익었는지 구분할 방법이 있습니다. 빅데이터(Big Data)의 힘을 무시하면 안 됩니다.

장내 미생물의 정체와 역사

히포크라테스는 서양 의학의 아버지이자 의사가 되기 전에 선서로 만나야 하는 사람입니다. 그의 선서는 의학적인 배경을 가지긴 하지만 주로 철학적이고 윤리적인 내용입니다. 모든 병은 자연의 원인에 기인한다는 의학 원리를 기초로 의술을 마술에서 과학의 영역으로 전환한 변곡점에 있습니다. 그 이전의 의술은 종교의 영역이었으며 그 이후의 의술은 과학이 됩니다.

"지나친 모든 것은 자연을 거스르는 것이다.
음식으로 고치지 못하는 병은 의사도 못 고친다.

모든 병은 장에서 시작된다."

그의 건강에 대한 철학은 음식이 약이며 장 건강의 중요성에 대한 깊은 확신이 있었습니다. 현미경도 없던 시절이라 장에 박테리아가 이렇게 많은 줄은 몰랐겠지만, 장에서 병이 시작된다는 사실을 인지한 것은 그가 인간과 질병에 대한 이해가 아주 깊었음을 미루어 짐작할 수 있습니다.

그로부터 2천 년이 흘러 현대 과학의 시대에 이르러, 세균학의 아버지로 불리는 파스퇴르는 질병-미생물 사이의 인과 관계와 세균의 자연발생설 그리고 균의 전염에 대해 밝혀냈습니다. 히포크라테스와 파스퇴르, 이 둘 간의 긴 시간 동안 의사와 과학자들은 체내 박테리아의 존재를 어렴풋이 알고 있었던 것 같습니다.

하지만 그들은 인체 내 박테리아는 모두 유해한 것이므로 박멸해야 한다고 인식했습니다. 심지어 몸 안의 박테리아를 박멸하기 위해 수은을 먹기도 하였다고 합니다. 주로 성병의 치료를 위해 수은이 이용되었다고 합니다. 파스퇴르는 마침내 박테리아의 존재를 밝혀내고, 이 미생물이 자연적으로 발생하는 것이 아니라 전염되고 오염된다는 사실을 목이 꺾인 플라스크를 통해 밝혀냅니다.

그리고 그의 제자인 메치니코프는 장에 사는 미생물이 모두 유해한 것이 아님을 밝혀내었고, 이때부터 장 미생물은 박멸의 대상이 아닌 관리의 대상이 되었습니다. 장수 마을의 노인들이 먹은 시큼한 우유에서 유익균의 정체를 알아낸 것입니다. 이를 통해 적절한 유익균의 존재가 인간을 더 건강하게 만들 수 있다는 그의 주장은 이제 더욱 발전된 과학으로 증명되고 있으며, 20세기 말 유전학의 발전은 이를 더 확실한 과학으로 증명하기에 이르렀습니다.

인체에 존재하는 세균과 그 유전 정보를 휴먼 마이크로바이옴이라 부르고, 워낙 많은 연구가 이루어지고 있으며 연간 3만 건의 논문이 쏟아지고 있습니다. 아직 완전하게 정립되지 않은 영역이라고 하지만, 세상의 모든 미생물이 과연 다 밝혀질 것인가 의문이 생길 정도로 지구상의 미생물은 무궁무진하고, 어쩌면 지금도 새로운 종이 계속 생겨나고 있을지도 모르기 때문에, 이 분야의 학문은 기존의 접근 방법과는 조금 다른 방식이 적용되어야 할지도 모르겠습니다.

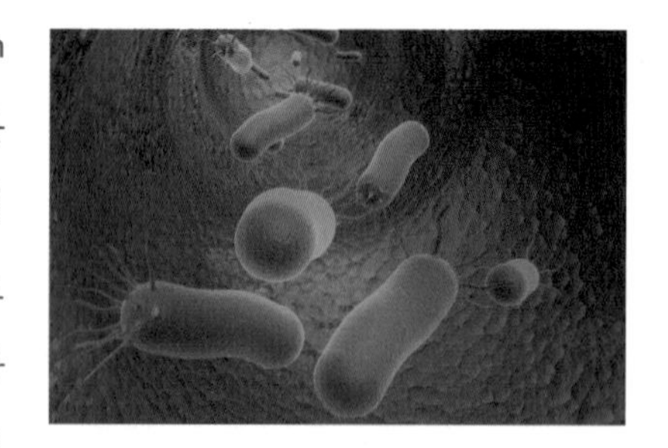

휴먼 마이크로바이옴(Human Micro-biome), 즉 인체 미생물은 인간의 체세포보다 많은 45조 정도라고 합니다. 인간의 체세포보다도 더 많은 수이며 그중 장에 사는 수가 90%입니다. 장의 총면적

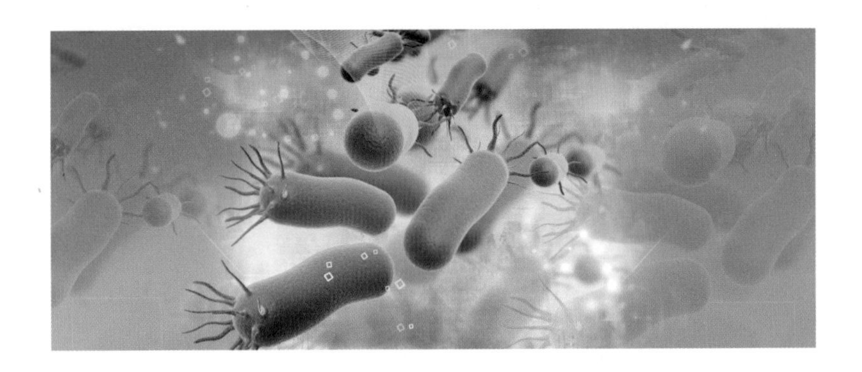

을 감안할 때 면적당 박테리아 수를 계산하면 장에는 박테리아가 수십 층 쌓여 있는 정도로 어마어마한 박테리아가 사는 셈입니다. 지구상에 존재하는 다양한 미생물 중에서 선택받은 극히 일부의 미생물들 혹은 인간의 몸에 적응되고 체화되어 인간 몸에서 살게 되었습니다. 엄마의 자궁에서 잉태의 순간부터 미생물의 씨앗들이 인체로 들어오기 시작하여 이로부터 천 일 동안 장의 미생물은 생태계를 만들어갑니다. 인체에 존재하는 미생물은 다양한 경로로 인간에게 들어오지만, 무엇보다 중요한 원천은 엄마입니다. 열 달간 엄마의 자궁에서 자라는 아기는 모든 것을 엄마와 공유합니다. 심지어 장내 미생물까지도….

지금까지 의학계에서는 자궁을 무균실로 인식하고 있지만, 최근 많은 연구에서 그게 아닐 수 있음을 입증하고 있습니다. 소량이지만 자궁에서도 신생아의 태변에서도 미생물의 존재가 밝혀지고 있습니다. 백지와 같은 아기의 장에 처음에 유입되는 미생물은 아기의 장을 점령하고 세력을 키워갑니다.

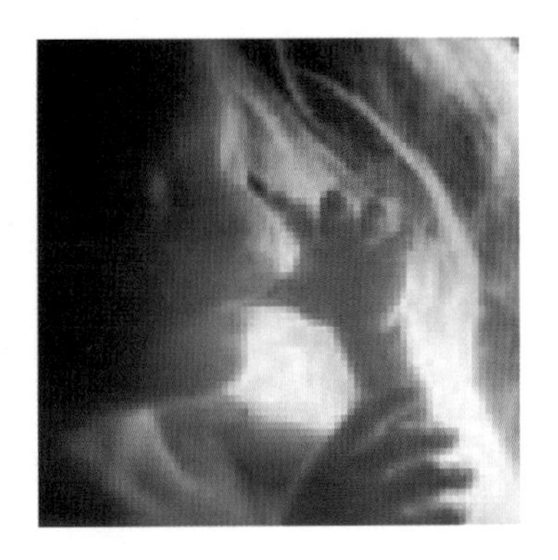

수천 종의 미생물, 즉 박테리아, 곰팡이, 바이러스들은 나름의 생존 본능으로 아기의 장에서 새로운 생태계를 만들어갑니다. 인체의 몸을 하나의 독립적인 생태계가 만들어지는 것입니다. 설사 쌍둥이라고 해도 태어난 이후 미세한 차이와 생활 습관 및 식습관들 때문에 점차 다른 장 환경을 가지게 됩니다.

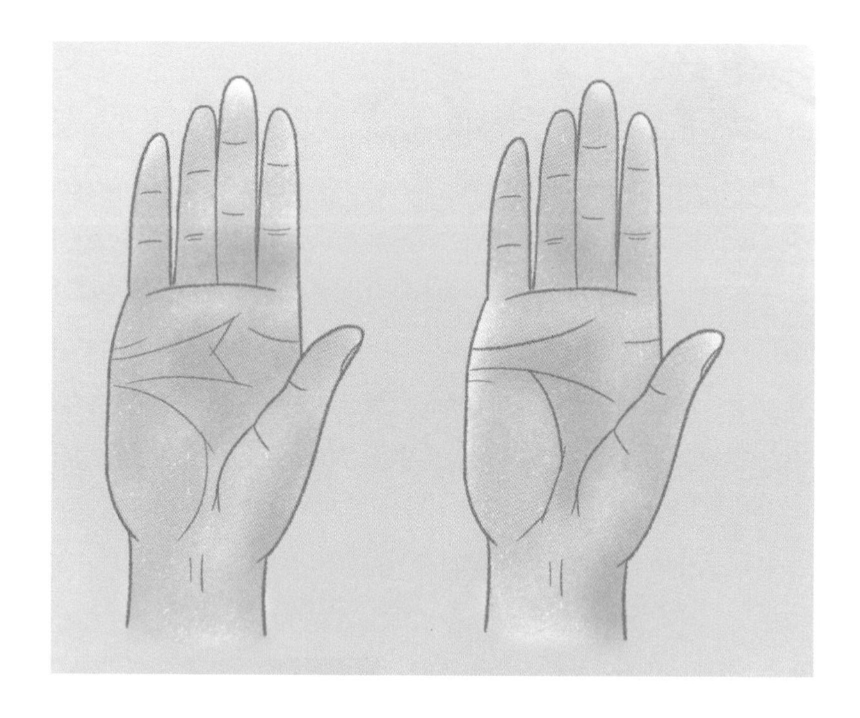

장내 미생물은 손금과 비교합니다. 타고난 부분과 만들어지는 부분이 조합되어 손금과도 같이 그 사람만의 미생물 생태계가 만들어집니다. 장을 펼쳐 모든 영역에 자리 잡은 미생물의 지도를 그리면, 손금보다도 훨씬 더 복잡한 개인별로 다 다른 장 미생물 지도가 그려질 것입니다. 수천 종의 박테리아의 무수히 다양한 농도의 조합과 타고난 유전인자의 영향으로 수치로 측정되기 어려울 만큼 다양한 경우의 수가 발생합니다. 너무 복잡해서 해석하기 어렵기 때문에 과학적 근거가 부족하다는 견해도 있습니다. 또 많고 적음의 기준이 명확하지 않기 때문에 유해균의 농도가 높아도 진단의 수단이 되지 못하고 있습니다.

IT 기술은 점점 더 많고 복잡한 데이터를 해석할 능력을 키우고 있습니다. 어쩌면 빠른 기간 내에 복잡한 방정식을 풀어낼 수 있을지도 모릅니다. 그러면 인류는 지금보다 조금 더 오래, 더 건강하게 살 수 있을지도 모릅니다. 지금부터 읽게 될 장내 미생물 이야기는 과학적인 측면에 치우치지 않고, 의학적인 면에도 치우치지 않으며, 일반적인 일상에서 겪는 다양한 상황과 상식적인 내용 혹은 상식에 반하는 여러 이야기를 정리한 내용입니다.

실제로 장내 미생물 분석을 수천 건 하면서 임상 증상 및 고객의 특징과 장 미생물 분포의 특징을 연결·분석하였으며 이를 과학적, 의학적으로 고찰한 논문을 참조하였습니다. 세상에 완벽한 음식도 없고, 완벽한 건강 비법도 없습니다. 무엇보다 균형과 조화가 중요하며 우리는 '과유불급'의 진리를 장 미생물 분석을 통해 깨닫고 이 정보를 공유하고자 합니다.

유전학과 마이크로바이옴 그리고 IT Technology

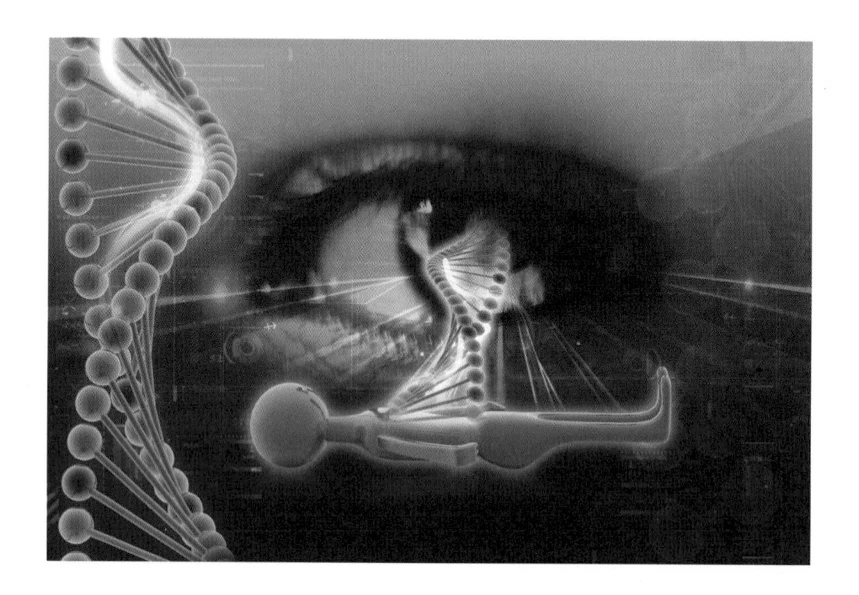

예전의 과학자들은 참으로 끈기가 대단했습니다. 그 오랜 세월 동안 자신의 믿음을 증명하기 위해 끊임없이 노력합니다. 유전학의 아버지 멘델은 우성과 열성 인자를 확인하기 위해 식물을 수십 세대에 걸쳐 심고 수확하며 유전의 법칙을 증명해냈습니다. 수도자였던 그는 진득하게 그의 상상을 오랜 기간 증명해냈습니다. 그 이후에 라마르크의 용불용설에 따른 진화론에 이어 다윈이 마침내 진화론을 완성하였습니다. 지금은 상식이 되어버린 과학적 진실을 규명하기 위해 그들은 몇 세기를 보내야 했습니다.

현대의 과학은 이런 과학적 진실을 밝혀내는 시간을 현저하게 줄일 수 있게 되었습니다. 20세기에 이르러 염색체를 발견한 과학자들은 마침내 유전의 비밀이 담긴 DNA의 정체를 확인하고 말았습니다. 수 세기에 걸친 과학자들의 확신은 마침내 첨단 기술로 증명되었습니다. 1953년 왓슨과 크릭의 X-선 회절로 DNA의 구조를 확인하고, 1955년 생거는 DNA의 염기서열을 확인하는 방법을 찾아냈으며, 이어서 1983년 미국 과학자 멀리스는 최초로 PCR(폴리메라아제 연쇄 반응) 원리를 알아내어 DNA 염기서열을 확인하는 기술을 개발했습니다.

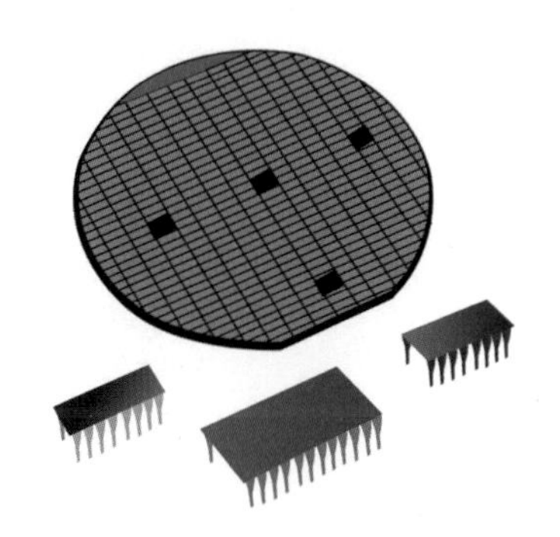

첨단의 전자공학 기술은 수 세기 동안 연구해온 결과들은 불과 수십 년 만에 증명하고 다음 단계로 도약하게 됩니다. 너무나 작은 DNA의 구조를 밝히고, 증폭하고, 측정하는 모든 기술은 결국 전자 기술로 귀결됩니다. 전자 현미경으로 세포의 구조와 DNA 구조까지 읽어냈으며 마침내 인간의 모든 유전체를 밝혀내고야 말았습니다. 이제는 유전체를 합성할 수도 있어서 어쩌면 인간이 조물주의 흉내를 낼 수도 있을지 모릅니다.

이 유전체 분석 기술을 이용하여 파생된 새로운 학문 분야 중 하나가 바로 이 마이크로바이옴(Microbiome) 분야입니다. 인간의 유전체뿐 아니라 인간의 몸에 존재하는 모든 미생물의 존재를 다 알아내버리겠다는 것입니다. 불과 수십 년의 시간이지만 과학자들은 수백만 종의 미생물의 존재를 밝혀냈으며 지금도 계속 몰랐던 존재들이 밝혀지고 있습니다. 이 역시 DNA 분석 기술의 발달에 기인한 새로운 분야입니다.

수십 년간 너무나 급속히 발전하는 분야라서 어제의 진실이 오늘은 아닌 경우도 허다합니다. 너무나 다양한 해석이 존재하기 때문에 뭐가 맞는지 잘 모르겠습니다. 과학의 영역과 공학의 영역의 차이는 과학은 이론을 근거로 하며, 공학은 데이터를 근거로 한다는 점의 차이가 있습니다. 물론 무 자르듯이 딱 잘라 단정하면 이의를 제기하시는 분도 계시겠지만 주로 그러하다는 의미입니다.

우리는 이 장내 미생물의 해석을 이론적인 배경을 기반으로 데이터 분석을 중심으로 해보기로 했습니다. 임상의 데이터를 기반으로 장 미생물의 빅데이터를 얻어 새로운 해석을 시도하고 있습니다. 그런데 그중에서 먹고, 마시고, 자고, 스트레스받고, 운동하는 모든 일상의 활동이 장 미생물과 관계가 있다는 사실을 하나둘씩 알아내고 있습니다. 물론 완벽하지 않지만 이런 시도들이 쌓이고 쌓여 또 다른 새로운 것들이 만들어진다고 믿습니다. 과학과 기술의 발달 속도가 빠르다고 다 좋은 건 아닌 것 같습니다. 너무 빨리 발전하는 속도를 일반 대중이 따라잡기는 너무 어렵습니다. 뭔 소리는 하는 건지 도대체 알아들을 수 없는 분석에 관해 독자는 그저 해답을 원합니다.

이 책에서는 많은 '똥' 이야기가 나옵니다. 장내 미생물이 가장 많이 사는 장에서 나오는 '똥'은 그 장내 미생물의 비밀을 밝혀내는 아주 좋은 도구가 되기 때문입니다.

생존이 걸린 동물의 똥

똥은 어릴 때부터 아주 더럽고 불결한 것의 대명사로 인식되고 있습니다. "쓰레기차 피하다가 똥차에 치인다."라는 말은 재수가 없어도 더럽게 없다는 최상급의 표현입니다. 아주 오래전부터 인간에게 똥은 더럽고 불결함 그 자체입니다. 사실상 똥에는 아주 많은 병원균이 존재하는 게 사실이므로 똥의 불결함을 부인할 수만은 없습니다. 그런데 사실 똥이 약이 되는 경우가 있습니다. 아주 오래전에는 태형을 맞은 죄인에게 똥물을 먹인다든가 하는 민간요법이 있었지만, 이번 장의 이야기는 동물과 관련된 이야기입니다.

호주에 사는 아주 귀여운 동물 코알라는 어떤 진화를 겪었는지 알 수 없지만, 유칼립투스의 잎사귀를 주식으로 삼게 되었습니다. 그런데 이 유칼립투스에는 독성이 있습니다. 다른 동물은 먹으면 큰일이 납니다. 그래서인지 코알라 이외에는 먹지 않는다고 합니다. 재빠르지 못한 초식동물이라 나름대로 생존을 위해 남들이 먹지 못하는 음식을 주식으로 선택하게 된 것 같습니다.

그런데 간혹 코알라 중에서도 유칼립투스를 먹지 못하는 개체가 있습니다. 그 비밀은 바로 장내 미생물에 있습니다. 코알라는 새끼를 낳으면 어미의 똥을 새끼에게 먹이는 기이한 행동을 한다고 합니다. 그런데 만일 어미가 새끼에게 그 똥을 먹이지 못하면 새끼는 유칼립투스를 먹지 못한다는 것입니다. 그게 다 장내 미생물 중에서 유칼립투스의 독을 해독하는 성분이 있기 때문이랍니다.

코알라는 그들이 먹을 종과 개별 나무에 대해 매우 선택적이며, 유칼립투스 잎을 소화하기 위해 자기가 선호하는 나무 종의 거칠고 영양이 부족한 잎을 분해하는 데 도움이 되는 소화 시스템의 박테리아(장내 미생물)의 도움에 의존합니다. 배양 기반 기술을 사용한 초기 조사에서는 파스퇴렐라속(Pasteurellaceae) 계통의 스트렙토코쿠스 갈로리티쿠스(Streptococcus

Gallolyticus)와 론피넬라 코알라룸(Lonepinella koalarum)을 포함하여 코알라의 위장관 전반에 걸쳐 탄닌을 분해하는 미생물의 존재를 확인했습니다[1].

다른 실험에서는, 어떤 동물이 다른 종의 대변을 이식받아 마이크로바이옴이 재형성됨으로써 혜택을 볼 수 있다는 결론을 얻기도 합니다[2]. 사막숲쥐(Desert Woodrat, 학명 Neotoma lepida)가 보유하는 장내 미생물이 옥살산염(Oxalate) 함유 식물의 섭취를 가능하게 한다는 사실을 발견하였으며, 사막숲쥐의 대변을 실험용 랫트에게 이식했더니 실험용 랫트는 옥살산 분해 능력을 획득한 것으로 나타났습니다[3].

코알라뿐 아니라 많은 초식동물은 사는 환경에 맞추어 장 생태계가 만들어지며 오랜 시간 동안 진화합니다. 특이한 환경에 고립되어 오랜 시간이 지나면 그들만의 환경에 맞추어진 장 미생물 생태계가 형성된다는 이론이며 실재하는 현실입니다. 이외에 우리가 흔히 어릴 때 많이 보았던 똥개 역시 똥을 먹는 행위인 식변은 영양 섭취와 장내 세균의 이식이 동시에 이루어지는 행동이며, 토끼의 경우에는 새끼에게 먹이거나 스스로 다시 먹을 수 있는 식변을 아예 따로 싸기도 합니다.

생태계의 변화로 먹이가 없어 멸종을 맞는 동물들에게 다른 동물의 장 미생물을 이식하여 다른 대체 식량을 유도하거나 심지어 생식에 영향을 주는 먹이를 찾아

1) Osawa, 1990; sawa et al., 1995
2) https://www.frontiersin.org/articles/10.3389/fmicb.2020.01058/full
3) 사막숲쥐와 랫트는 먼 친척뻘임

주는 데 장 미생물이 활용되기도 합니다. 자연 그대로 살아가야 하는 생태계에 인간의 간섭은 생태계에 다양한 위협이 되기도 합니다.

일부 종의 멸종이나 가축화 역시 생태계의 큰 변화입니다. 가축화된 동물은 기존 먹이와 다른 인간에 의해 사료를 먹게 되면서 그들의 장 생태계에 미처 예상치 못한 변화를 겪게 될 가능성이 큽니다. 단순히 제대로 못 크는 정도가 아닌, 가축화되면서 자연계에서 유지되었던 면역력이 떨어져 또 다른 전염병의 매개체가 될 수도 있기 때문입니다[4]. 자연이 자연 그대로 유지되어야 할 수많은 이유 중 하나입니다.

4) https://www.ibric.org/myboard/read.php?id=294941&Board=news

변비: 막힘과 부족함에 대하여

장내 미생물 검사를 원하는 사람 중에서 '변비' 환자가 많은 편입니다. 만병의 근원인 장의 수많은 문제 중에 장 염증과 관련된 질병이 제일 많은 편이긴 하지만 현대인의 상당수가 변비로 인한 불편을 호소하면서 그 원인이 장 미생물과 관계가 있을 것이란 일종의 기대치를 품고 있습니다. 하지만 지금까지 분석한 다양한 변비 환자들은 대부분 유해균의 비율이 높지 않습니다. 오히려 장 미생물의 종합적인 점수가 양호하게 분석되는 경우가 더 많습니다. 비싼 돈 내고 분석을 했으니 뭔가 해답이 그 안에 있어야 한다는 그런 마음이 들어서일까요? 변비 환자에게 "장 미생물은 이상이 없습니다."라고 말하면 오히려 실망하기도 합니다. 참, 건강하다는데 실망하는 이유는 어떤 심리인지….

그래서 똥에 대한 이해가 필요합니다. '똥'은 음식물이 소화기관을 거치면서 소화 과정을 지나온 음식물의 찌꺼기입니다. 따라서 찌꺼기가 없으면 '변'을 볼 일이 없습니다. 우리나라의 경우, 동양과 서양의 본격적인 교류가 이루어진 시점을 6·25전쟁으로 볼 수 있습니다. 한국에 들어온 미군의 변을 보고 한국 사람은 그 적은 양에 놀라고, 미국인의 한국인의 조그만 체구에서 만들어지는 엄청난 양의 변을 보고 서로 놀라워했다고 합니다. 그 비밀은 음식의 구성에 있습니다.

< 구한말 한국인의 식탁: 이렇게 어마어마하게 먹는데 체구가 크지 않습니다.

육식을 주로 하는 서양인은 섭취하는 음식의 대략 5% 이내의 양이 변으로 만들어진다고 합니다. 95%는 소화기관에서 분해되어 영양분으로 흡수된다는 것입니다. 반면 거친 채식을 주로 하는 아프리카 원주민은 섭취량의 40%가 변으로 만들어집니다. 그 중간에 해당하는 한국인의 전통적인 식단은 먹는 음식의 2~30% 정도가 변으로 만들어진다고 합니다. 또한, 변의를 느끼는 경우는 성인 기준으로 결장에 200g 정도가 찰 때인데, 고기만 먹는 경우 200g이 모이려면 채소를 함께 섭취할 때보다 대략 20배의 음식을 먹어야 하므로 4kg을 먹어야 한다는 계산이 나옵니다. 하루에 4kg 고기를…! 스테이크 1인분이 150~200g이라 치면 20인분 이상의 양이 됩니다.

그래서일까요? 실제로 육식을 위주로 하는 서양인은 배변 주기가 길고 양도 적습니다. 유럽 여행을 가서 공중화장실을 찾기 어려운 것이 이런 이유 때문일 것입니다. 배변 주기가 길기 때문에 굳이 밖에서 똥을 쌀 이유가 없죠.

Bristol Stool Chart

번호	형태
1	견과류처럼 분리된 단단한 덩어리들(배변이 어려움)
2	소시지 모양이지만 단단함
3	소시지 같지만 표면에 금이 있음
4	소시지 또는 뱀같고 매끄러우며 부드러움
5	윤곽이 뚜렷한 가장자리의 부드러운 방울들(배변이 쉬움)
6	고르지 못한 가장자리의 거품같은 조각들, 곤죽같은 대변
7	단단한 조각이 없음. 묽고 전부 액체

< **브리스톨 스톨차트:** 대변의 형태를 구분하는 기준으로 장의 기능이나 음식의 종류 및 정체 시간과 관련이 있습니다.

한국인의 정상적인 한식은 섭취량의 20% 정도가 변으로 나온다고 합니다. 따라서 하루 1~2kg의 음식을 먹는다면 1일 1변이 가능하다는 계산이 됩니다. 대략 계산을 해보면, 햇반을 기준으로 210g이고 많이 먹으면 300~400g 정도가 될 겁니다. 그럼 하루 세끼를 밥만 먹으면 600g~1kg 정도의 양을 먹습니다. 잘 먹는 성인이 한 끼에 밥에 더불어 반찬까지 먹은 양을 따져 보면 간식을 포함 2~3kg은 족히 먹습니다.

그럼 식판의 밥과 반찬을 다 먹느냐가 문제인데, 잔반이 담긴 통을 보면 알 수 있습니다. 남은 음식은 대부분 채소류입니다. 특히 아이들의 식단에선 더욱더 그러합니다. 똥을 잘 못 싸는 우리 둘째는 짜장면을 먹고 나면 면을 제외한 소스는 그대로 남아 있으며, 특히 양파는 재생해도 될 만큼 원형을 유지한 채로 그대로 남아 있습니다. 아이들 입맛에 채소가 썩 달갑지 않은 건 세상에 맛있는 게 너무 많아서일지도 모릅니다.

역시 한국인 식탁에서 중요한 변수는 정제 탄수화물입니다. 산업 혁명 이후 곡물의 정제가 기계화되고 곡식의 탈피가 완벽하게 이루어진 정제 탄수화물은 빵과 밥의 맛과 식감을 더 좋게 만들었지만, 대신 변의 주재료가 되는 식이섬유를 모두 없애버리고 말았습니다. 정제 탄수화물 역시 고기와 같이 찌꺼기가 거의 남지 않는 음식이기 때문에 또다시 변의 양을 줄이게 됩니다.

변비 환자의 비율을 보면 입 짧은 아이들이 상당히 많으며 그런 집의 엄마들은 상당수가 밥보다 빵을 좋아하는 경우가 많습니다. 거친 음식을 거부하는 아기들에게 엄마들은 갓 지은 쌀밥에 기름마저 완벽하게 제거된 소고기를 얹어서 한입, 한입 사정하면서 먹입니다. 그러고 정작 엄마들 역시 거친 음식보다는 간단한 빵과 면을 먹습니다. 어릴 때부터 정제된 곡물에 적응된 소화기는 거친 음식을 소화할 능력을 상실하고, 거친 음식을 먹고 싶어도 인제는 소화가 안 돼서 못 먹습니다.

이렇게 음식 습관이 만들어지면 아기는 배출할 만큼의 똥을 하루 안에 모을 수 없습니다. 찌꺼기가 안 생기는 음식을 먹이니 변의를 느낄 만한 양이 하루에 모이지 않고, 결장에 오래 정체된 변은 장에서 수분이 흡수되면서 점점 말라서 양을 더 작아지고, 마침내 굳어 입구를 막아버리는 지경에 이르게 됩니다.

또, 깔끔한 요즘 아이들은 엄마가 깨끗하게 관리하는 자기 집 화장실 아니면 변을 보지 못하는 경우가 많습니다. 학교에서나 공공장소에서 참아버리는 습관이 생기고, 참다 보면 변이 말라 입구를 막는 또 다른 변이 생기는 겁니다. 만일 장내 미생물 중 유해균이 많다면 장은 수분을 잘 흡수하지 못하게 되니 변비보다는 장 염증으로 인한 설사를 하게 될 가능성이 커지므로 변비 환자는 유해균이 많이 나타나지 않는 게 어찌 보면 당연하다고 할 수 있겠습니다.

탄수화물을 먹을 때 그나마 식이섬유를 증가시키는 방법은 식은 밥과 같은 저항전분이 많은 음식을 먹는 것입니다. 식은 밥은 밥이 식는 과정에서 밥알 표면이 저항전분이 형성됩니다. 이 저항전분은 탄수화물이 고분자로 변환되면서 일반적인 전분에 비해 소화가 어렵고 찌꺼기가 되어 식이섬유의 역할을 대체할 수 있다고 합니다. 식은 밥 말고도 저항전분이 많은 음식은 많습니다. 식은 밥 말고 저항전분이 많은 식재료로는 귀리, 콩, 감자(식을 때 저항전분 형성), 약간 덜 익은 바나나 등이 있습니다.

대변은 대개 75% 정도가 수분이고 나머지는 소화하지 못한 음식물, 장내 세균 및 장과 간의 배출물입니다. 대변이 지저분한 배설물이긴 하지만 인간이 요정이 아닌 동물인 이상 싸지 않으면 죽습니다. 어릴 때 습관이 평생 갑니다. 균형 있는 장 건강을 생각한다면 엄마부터 빵과 면을 줄이기를 꼭 권해드립니다.

엄마의 음식이 곧 아기의 음식이 됩니다. 또 하나 중요한 사실은 위의 저항전분 많은 음식이 만병통치약이 아니란 사실입니다. 적당할 때 좋은 거지 너무 과잉일 경우 다른 문제가 생길 수도 있습니다. 특히 콩은 덜 익히면 장에 해로운 '펙틴'이라는 물질이 포함되기 때문에 과잉이면 해롭습니다. 무슨 음식이든지 과할 때 좋은 건 없습니다.

히어로와 빌런

마블의 영화가 아직 재미있는 걸 보면 아직 철이 덜 들었나 싶기도 합니다. 하지만 마블의 영화를 그저 단순한 공상 과학 영화로 보기에 그 안에 다양한 세계관과 우주관 때론 신의 존재에 대한 다양한 시각을 보여주는 다양한 창의적인 사고는 참 배울 만한 것 같습니다. 그들의 상상력에 감탄하곤 하면서 어릴 적 영웅에 빙의된 시절을 떠올리곤 합니다.

다른 흉내는 감히 내보지 못하고 기둥에 매달려 스파이더맨 흉내를 낸 기억이 있습니다. 마당에 있던 빨랫줄을 살짝 빼내 높은 데 묶고 스파이더맨 흉내를 내곤 했는데, 그 당시 빨랫줄은 그리 튼튼하지 못해서 매달리면 잘 끊어지곤 했습니다. 엄마 몰래 살짝 끊어진 부위를 얼기설기 묶어놓고 떨어진 빨래는 몰래 다시 널어두었지만, 빨래에 묻은 흙을 미처 처리하지 못하고 혼이 난 적이 있었습니다.

사실 이번 주제는 스파이더맨도 아니고 영웅도 아닌 악당 이야기입니다. 마블 영화에서 언젠가부터 '악역' 혹은 '악당'이란 단어 대신 '빌런(Villain)'이란 단어를 사용하기 시작하고 있습니다. 악역에 개성을 부여하면서 일종의 팬덤까지 가지게 된 악당을 빌런이라고 부릅니다. 〈다크나이트〉의 조커, 〈어벤져스〉의 타노스, 〈엑스맨〉의 아포칼립스, 〈토르〉의 로키 등 개성 넘치는 빌런은 명배우들의 연기로 생명을 얻었고, 주인공을 능가하는 인기를 얻기도 합니다.

마이크로바이옴의 세계에도 빌런과 히어로가 있습니다. 세균의 이름은 정말 어렵습니다. 어떤 놈은 여러 번 읽어도 발음조차 어려운 균들이 너무 많습니다. 과학자들은 왜 그리 균 이름을 어렵게 만들었는지 일반인들이 쉽게 기억하는 게 싫은가 싶습니다. 그래서 언젠가부터 균 이름을 외우기 위해 균에다 캐릭터를 부여하기 시작했습니다. 균에서는 어벤져스와 같은 영웅도 있습니다. 대표적으로 아카만시아(Akkermansia)는 제 기준으로 볼 때 아이언맨에 해당하는 강력한 히어로에 해당합니다. 이 균은 면역력을 증가시키고, 비만을 예방하며 심지어 당뇨병 예방에도 좋다고 합니다. 이 균은 일명 운동균으로 근육에 부하가 걸리는 운동을 하면 증가하는 편입니다. 따라서 이 균이 생겨서 건강해지는 건지 운동해서 좋아지는 건지 헷갈리긴 하지만 어쨌든 이 균이 있다는 건 좋은 게 거의 확실

합니다. 그런데 간혹 아주 지나치게 많은 경우가 있는데 그 역시 반드시 좋다고 볼 수는 없습니다. 장군 100명에 군사가 10명인 군대가 그리 바람직하다고 볼 수 없는 것처럼요.

수천 종의 마이크로바이옴 중에 악당이 한두 놈이 아니겠지만 오늘의 빌런은 '푸조박테리움'입니다. 저는 이 녀석을 마치 '타노스'와 같은 캐릭터로 인정하고 있습니다. 위키백과에 따르면 이렇게 표현하고 있습니다.

"2011년에 연구자들은 푸조박테리움(Fusobacterium)이 결장암 세포에서 번성하고 종종 궤양성 대장염과 관련이 있음을 발견했습니다. 연구원들은 유기체가 실제로 이러한 질병을 일으키는지 아니면, 단순히 이러한 질병이 생성하는 환경에서 번성하는지 확인하지 못했습니다."

물론 이 균이 나쁜 짓을 하는 현장을 잡지 못해 어떻게 나쁜 짓을 하는지 그 메커니즘을 다 밝혀내지 못했습니다. 장 미생물을 검사하는 측면에서 볼 때 원인이든 결과든 간에 이 균은 분명한 빌런이며, 나쁜 시그널을 보여주는 게 확실합니다. 누구도 부인하지 못합니다. 실제로 임상 증상을 가진 환자 그룹에서 공통으로 해당 균이 높은 농도로 나타나고 있습니다.

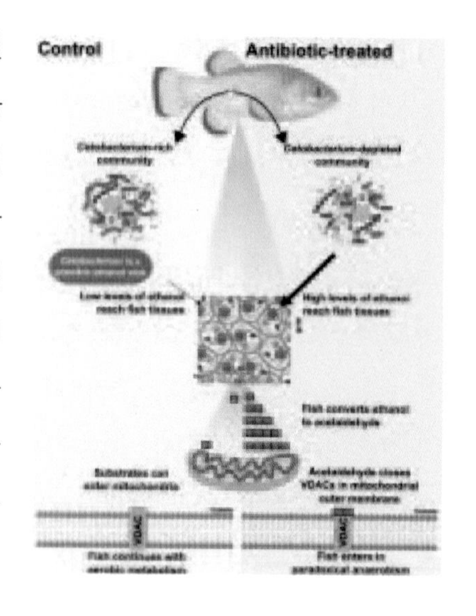

그런데 이 푸조균은 어류나 어패류에는 보통의 균에 속합니다. 어류의 장에서는 이 균이 가장 농도가 높은 균이며 어류에게는 해가 없다는 겁니

다. 그러나 사람의 장에서는 그렇지 않습니다. 수천 건의 임상 데이터에서 이 균이 존재하는 비율은 샘플의 절반에 미치지 못합니다. 그중 대부분은 1% 미만의 소량이 존재합니다. 그중에 간혹 아래 그림처럼 아주 많은 사람이 있습니다.

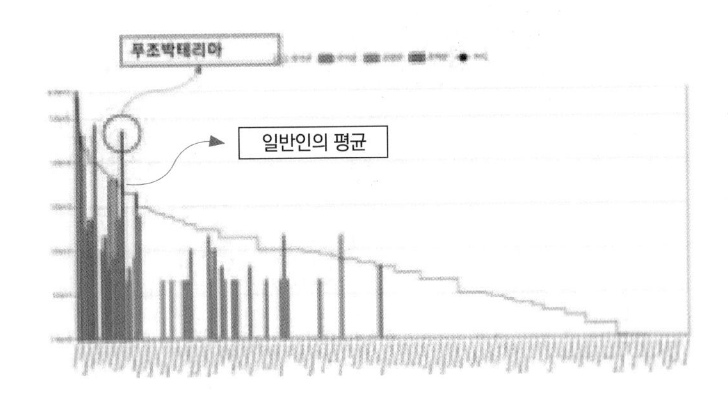

이 균이 빌런이라는 것을 확신하게 된 결정적인 계기는 작년 초 분석한 50대 남자의 케이스부터입니다. 스스로 장이 건강하다고 믿으며 회를 좋아하는 바닷가 도시에 사는 남성이었습니다. 어릴 때부터 바닷가 도시에 살아 바다 음식을 자주 접하였으며, 성인이 된 이후 술과 함께 회를 비롯한 어패류를 자주 먹었다고 합니다. 분석한 결과에서 빨간색 막대가 툭 튀어 올라와 있는데, 그게 푸조 박테리아였고 그 당시 그동안 보았던 수백 개의 샘플 중 단연 푸조균의 농도가 높았습니다.

위 그래프에서 이분의 푸조 농도는 평균치와 비교했을 때 10배 이상의 고농도에 해당합니다. 아직은 빌런이란 확신이 없었지만, 문헌상 그렇다고 하니 의심이 강하게 들어 병원을 통해 조심스럽게 연락을 취하여 대장 내시경을 추천드렸습니다. 며칠 후 전해온 소식은 대장 용종이 발견되어 제거술을 했다는 소식입니다. 예측이 맞은 것이 기쁘고, 혹시 방치되어 큰 병이 되기 전에 막았다는 뿌듯함을 느끼지만, 남이 병에 걸린 건데 그

걸 기뻐할 수만은 없었습니다.

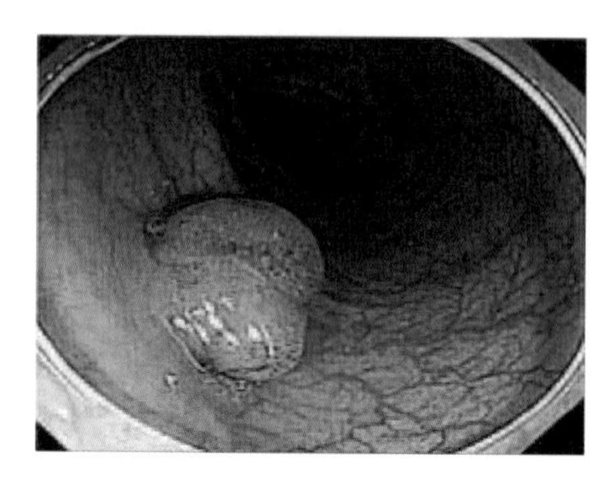

< 일반적인 대장 용종 사진

자신감을 얻은 그 시점과 비슷한 시기에 그보다 낮은 농도지만 비슷한 균의 분포를 보인 다른 분도 같은 검사를 추천하고 또 용종을 찾아냈습니다. 이후에 술과 회를 좋아하는 지인들은 이 균이 발견될 때마다 제 잔소리를 귀에 피가 날 때까지 들어야 했습니다.

이 균은 아주 어린 아이들에게서도 발견됩니다. 추정하건대 엄마로부터 물려받았을 가능성을 배제할 수 없습니다. 장이 튼튼한 2~30대는 이 정도의 빌런은 충분히 물리칠 수 있습니다. 장이 아직 생생한 데다 유익균도 많기 때문에 적정한 비율로 조정되어 병을 일으킬 만큼 세력이 키워지지 않기 때문입니다. 하지만 50대가 넘으면 조심해야 합니다. 50대 이후 노화가 일어나는 과정에서 소화액의 분비로 감소하고, 이로 인해 장내 유해균의 농도가 높아질 수 있는 환경이 만들어지기 쉽습니다. 10대인 어린이 중에서도 장염을 자주 앓는 아이는 이 균이 매우 강하게 성장하는 경우를 자주 볼 수 있습니다.

결정적으로 이 균은 보통의 항생제로 치료할 수 없습니다. 항생제에 내성이 있는 균입니다. 이후에 바닷가에 사는 회를 좋아하는 40대 남자 5명을 검사한 결과, 대부분에게 이 균이 존재하고 있음을 확인하였습니다.

장 미생물의 무한한 생태계는 나의 배 안에 또 다른 우주가 있고 그 안에 빌런과 히어로 그리고 더 무수히 많은 민중이 존재하고 있습니다. 빌런과 히어로가 어찌 싸우는지 궁금하긴 하지만 현미경을 집어넣어 볼 수도 없으니 그저 상상만 할 뿐입니다. 이 세계는 너무 자세히 보는 것도 정확하지 않고 너무 대충 보는 것 역시 정확하지 않습니다. 적절한 통계적 도구나 분석법이 필요합니다.

의학적인 진단을 위해서는 정확한 규정이 필요합니다. 혈당이 얼마 이상이면 당뇨로 정의하는지, 혈압이 얼마 이상이면 고혈압인지 모든 진단에는 기준선이 있습니다. 이에 반해서 장내 미생물은 얼마나 있는 게 정상이며 비정상인지 구분할 수 있는 기준이 명확하게 규정되어 있지 않습니다. 이런 경우에 사용하는 방법이 통계적인 공정 관리 기법입니다. 공기 중 산소가 몇 퍼센트여야 하는지 혹은 혈압은 얼마여야 하는지와 같은 정확한 규정을 만들기는 어렵지만, 남들은 아무도 없는데 본인에게만 유독 균이 많다면 의심해보자는 취지의 검사를 하는 겁니다.

그런 방법으로 이분은 미처 알지 못했던 푸조균을 찾아냈고, 용종도 미리 발견한 겁니다. 장에 사는 미생물들은 분명 건강과 질병의 비결과 원인이 모두 숨어 있으며 이런 빌런들이 꽤 중요한 역할을 하는 것 같습니다. 또 이 빌런 말고도 숨어 있는 닌자를 찾아내는 작업 역시 통계적인 분석 기법으로 가능하다는 확신이 있습니다.

소 풀 뜯어 먹는 자연의 섭리

인간의 탐욕과 호기심은 때로 자연의 섭리를 거스를 때가 있습니다. 자연은 자연스럽지 않은 인간의 시도에 대해 어떤 방식으로든 '부작용'을 만들어냅니다. 특히 먹거리에는 더욱더 그러합니다.

100g에 만 원이 넘는 한우를 먹어본 적이 있나요? 언젠가 일본 출장에서 아주 비싼 쇠고기를 먹은 적이 있습니다. "흑우라고 하던데…. 와! 진짜 살살 녹는군!" 하고 감탄이 절로 나옵니다. 한 젓가락에 몇천 원이 넘는 비싼 고기라 혹시 한 점이라도 흘릴까 봐 조심스레 한입, 한입 맛을 음미했습니다.

비싸다고 생각해서 기분이 그런가 생각했지만, 사실을 알고 보니 제 입맛에는 문제가 없었습니다. 진짜로 맛있는 이유가 있었습니다. 현대의 축산업자들과 연구자들은 인간의 혀에 가장 좋은 맛을 내는 소고기를 만드는 방법을 찾아냈습니다. 축산업의 발달은 좋은 육질을 만들어내기 위해 새롭고 다양한 방법을 시도했습니다. 일본의 축산업자는 도축 전 6개월간 소에게 곡물을 먹이고 운동을 줄이면 지방이 고루 퍼지는 마블링이 생기고, 고루 퍼진 지방은 고기의 맛을 매우 좋게 해준다는 걸 알게 되었습니다.

그런데 약간의 부작용이 생겼습니다. 곡물 사료가 비싸서 사육 비용이 증가하는 건 둘째로 치더라도 곡물을 많이 먹인 소에게 위궤양과 알레르기가 생기는 부작용이 생기기 시작한 겁니다. 어차피 죽어서 인간에게 고기와 가죽을 주고 떠날 팔자니까 죽기 전에 좀 아픈 게 뭐 대수일까 하지만, 그래도 모든 생명은 살아 있는 동안에 평안해야 하는데… 병든 고기를 맛있게 먹을 수는 없지 않겠습니까? 곡물 먹은 소의 위궤양과 알레르기를 연구하던 학자들이 소의 반추위에서 몇 가지 특이한 현상을 확인하였습니다. '와규'를 일본의 대표 음식으로 만들어낸 일본에서 이 연구가 선행되었습니다.

"전분 발효 속도가 반추위의 완충 능력을 초과하면 산이 축적되고, 반추위 pH가 떨어지고, 심한 경우 동물이 죽습니다. 덜 심한 경우에는 동물이 살아남지만 반추위 벽에 궤

양이 생기고 종종 영구적으로 흉터가 남습니다. 발굽 위의 조직도 영향을 받기 때문에, 동물은 일시적 또는 장기간의 파행을 겪을 수 있습니다[5]."

미국에서도 비슷한 연구가 있었는데 1940년대와 1950년대에 반추위 산증의 영향을 연구하던 중 곡물 공급이 반추위 히스타민 생산도 촉진한다는 사실에 주목했습니다. 히스타민은 강력한 염증 물질이며, 그들은 '히스타민 수준과 동물의 웰빙' 사이에 직접적인 상관관계가 있다고 결론지었습니다. 히스타민은 아미노산인 히스티딘의 탈탄산 반응에서 형성되며 히스티딘이 히스타민으로 조금만 전환되어도 독성이 있을 수 있습니다[6].

히스타민은 알레르기 유발 물질입니다. 저 역시 가끔 알레르기가 있어 알레르기약을 먹곤 했는데 포장에서 '항히스타민'이란 단어를 본 적이 있어 히스타민을 잘 기억하고 있습니다. 소는 풀만 먹고 사는 게 자연의 섭리인데, 육질 때문에 곡물을 먹으면서 급격하게 증가한 전분이 소화기의 pH와 마이크로바이옴의 구성까지 변화시킨 것입니다.

이 균의 이름은 아리조넬라 히스타민포만스(Allisonlla Histimanformans)[7]. 그런데 더 중요한 건, 이 균이 소한테만 있는 게 아니란 사실입니다. 사람의 경우, 저를 비롯하여 건강을 위해 잡곡을 선호하는 분들에게서 이 균들이 확인되고 있습니다. 지난해 검사 결과에서 나타나지 않았던 이 균은 잡곡 섭취가 증가하고 나서 자주 발견할 수 있게 되었습니다. 소 사료가 흰 쌀밥이 아닌, 겨가 섞인 섬유질이 아주 많은 곡물인 점을 감안할 때 이 균의 증가는 단순하게 전분의 영향인 것만은 아닌 듯하며, 곡류의 섬유질

---

5) Takahashi and Young, 1981

6) Suber et al., 1979 / Dougherty, 1942; Dain et al., 1955

7) https://en.engormix.com/dairy-cattle/articles/allisonella-histaminiformans-novel-histamine-t33595.htm

과 관련성이 의심되는 부분입니다. 원래 약간의 알레르기가 있었기 때문에 이 균이 약간 증가했다고 알레르기가 심해진 것 같지는 않지만 기분 탓인지 괜히 가려운 것 같습니다.

그동안 모은 2천여 건의 샘플에서 대략 40% 정도가 이 균을 가지고 있습니다. 잠재적인 보균자를 더하면 절반 정도가 이 균을 가지고 있습니다. 이 균이 있는 사람이 이 균이 좋아하는 음식, 즉 잡곡을 많이 먹으면 히스타민의 생성이 촉진되고 그로 인해 알레르기가 더 심해질 수도 있다는 논리적인 추정이 가능합니다. 이 균을 알게 되니 '도대체 우리더러 뭘 먹으라는 거지?'란 의문을 가지게 됩니다.

제 몸에 이 균이 증가한 걸 확인하고 한동안 잡곡을 섭취하지 않았습니다. 잠시 참았던 고기도 그냥 좀 먹었습니다. 원래 먹던 대로 흰밥에 된장찌개랑 삼겹살을 먹으니 속도 편한 것 같습니다. 다음 검사에서 이 균이 좀 줄어들긴 했지만 여전히 남아 있긴 합니다. 그동안의 수천 건의 검사 중에서 이 균이 발견되는 경우는 전체의 40% 수준입니다. 60%는 이 균이 전혀 없거나 발견되지 않을 정도로 극미량이 존재한다는 의미입니다. 달리 얘기하면 40% 이상이 이 균에 의한 알레르기 유발의 가능성이 있다는 의미입니다.

전 이후로 무엇이든 너무 지나치게 치중되지 않도록 신경을 쓰고 있습니다. 인간은 본디 잡식동물이니 너무 치중되지 않게 고루 먹고 특정 균이 특이하게 자라지 않도록 환경을 만들어주는 게 더 좋은 것 같습니다. 잡곡밥이 모든 사람에게 무조건 다 좋은 건 아닙니다. 자기한테 맞는 음식은 따로 있지 싶습니다. 적당하게 운동하면서 근육을 유지해주는 또 다른 건강 비결을 잊지 않아야 합니다. 적절하고 적당한 건 참 어렵습니다.

뚱보균?

장내 미생물이 대중에게 소개되고 인식이 확산된 결정적 계기는 '뚱보균' 의 존재의 확인과 그 제어가 가능할 것이라는 기대치가 있었기 때문입니다. 미생물을 조절하여 비만을 해결할 수 있다는 기대는 아직 완전하지는 않지만 다양한 솔루션이 제시되고 있습니다.

흔히 알려진 피르미쿠테스(Firmicutes, 후벽균)라고 통칭하는 이 뚱보균은 사실 하나의 균이 아닙니다. 알기 쉽게 설명하자면 포유류, 파충류, 곤충

류와 같은 큰 분류 기준입니다. 이 균들은 세포벽이 두꺼운 후벽균으로, 270여 개의 속(Genus)으로 구성되어 있습니다. 가장 세부적인 단계인 종 레벨에서는 천종이 넘는 다양한 균들을 거느리고 있습니다. 일반적으로 박테리아의 세포벽을 이루는 성분은 지방질입니다. 장내 미생물 중에서 가장 보편적인 균은 박테로이데테스라고 불리는 군집이며, 그 아래 수백 종의 하부 종을 가집니다.

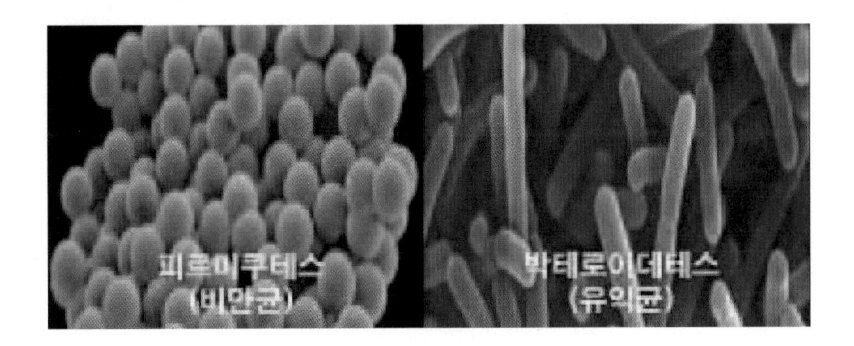

피르미쿠테스는 그다음으로 많이 분포하는 집단이며, 이 두 집단이 전체의 7~80%를 차지하고 있습니다. 피르미쿠테스는 지방을 대사하는 기능성이 확인되어 뚱보균이라는 누명 아닌 누명을 가지게 되었습니다. 하지만 사실상 원인이라기보다는 결과에 가깝다고 볼 수 있습니다. 지방을 분해하는 기능이란 표현은 지방을 먹고 사는 균이라고도 해석할 수 있으며, 평소 지방을 많이 먹어서 이 균이 증가한 것으로 보는 게 더 합리적입니다.

하지만 실제로 지난 2년간 임상 샘플로 분석해본 결과, 우리는 기존의 이 뚱보균의 비율과 비만도의 결과는 잘 맞지 않는다는 사실을 확인하고 있습니다. 우리만의 주장이 될 수 있었지만 최근 유사한 논문이 쏟아지고 있어 기존의 지식이 더는 유의미하지 않다는 확신이 있습니다.

"Comparison of the gut microbiota composition between obese and non-obese individuals in a Japanese population, as analyzed by terminal restriction fragment length polymorphism and next-generation sequencing(2015)."

2015년에 발표된 이 논문에서도 비만도와 피르미쿠테스의 농도는 일치하지 않습니다[8].

"생활양식 관련 요인에 대한 고려 부족으로 인해 발생하는 해석적 편견의 존재로 설명될 수 있습니다. 미생물군 구성 또는 다양성 이러한 이유로 현재 Firmicutes/Bacteroidetes 비율을 결정된 건강 상태와 연관시키는 것은 어렵습니다. 더 구체적으로 비만의 특징으로 간주하기는 어렵습니다."

2020년 발표된 위 논문에서도 우리와 같은 결론을 맺고 있습니다. 사실상 피르미쿠테스에 포함된 균에는 다양한 지방대사균이 포함되고 있으며, 그중에는 유산을 생산하는 유산균(락토바실스), 단쇄지방산을 만들어 면역력을 증가시킨다고 하는 피컬리박테리움 등의 유익균이 포함되어 있고, 동시에 독성 물질을 생산하는 다양한 균들 역시 이 그룹에 포함되고 있습니다. 미용 시술에 사용된 보톡스균도 사실 이 그룹에 포함되는 균인데, 이 균은 분비되는 독성 물질의 근육을 마비시키는 기능을 이용하여 주름을 펴는 데 사용되고 있습니다. 그리고 가장 강력한 장염 유발균인 크로스트리디움 디피실 역시 속해 있습니다.

이외에도 정체를 알 수 없는 수천 종의 균들의 유전 정보가 이 그룹에

---

8) https://www.ncbi.nlm.nih.gov/pmc/articles/PMC7285218/

포함되어 있기 때문에 이 그룹 전체를 하나의 성격으로 규정하는 건 매우 무리하고 무책임한 판단으로 생각할 수밖에 없습니다. 2년 전, 저는 이 분석 프로젝트를 지원받기 위해 국책 과제에 제안하였지만 어떤 심사위원의 질문에 현명하게 답하지 못해서 낙방한 경험을 했습니다. 어디서 보셨는지 모르겠지만 "우리 분석에 뚱보균은 잘 구분해낼 수 있다면 사업성이 좋겠습니다." 하시길래 공부한 내용을 곧이곧대로 말씀드렸지요.

"위원님, 피르미쿠테스가 뚱보균이라는 오명을 가지고 있지만, 최신의 연구에서 그 결과가 달리 나오고 있습니다. 제약 회사에서 TV에서 유산균을 팔기 위해 홍보하는 내용은 갈릴레오 이전의 천동설 같은 이야기입니다."

우리는 변화하는 과학적 진실에 늘 주의해야 합니다. 어떤 과학적 진실은 후대의 새로운 연구나 발견으로 인해 믿었던 진실이 바뀔 수 있음을 겸허하게 받아들여야 합니다. 저를 심사하신, 아마 교수님으로 추정되는 그 심사위원님은 아마 좀 언짢아지신 것 같았고, 우리는 그 과제 심사에서 탈락하고 말았습니다.

그런데도 꾸준히 받는 "뚱보균이 있는가?"라는 질문에 "있을 수는 있지만, 그 균들이 뚱보가 되는 데 기여하는 비중은 생각보다 크지 않다."라는 잠정적인 의견을 가지게 되었습니다. 솔직히 안 먹고 살찌는 사람을 본 적이 있습니까? 절대 그럴 일 없다는 걸 최소한 '질량 보존의 법칙'을 배웠다면 알 수 있지 않은가요? "난 채식만 하는데도 살이 쪄!"라고 하는 분들께 조용히 이렇게 말씀드리고 싶습니다[9].

9) https://www.ncbi.nlm.nih.gov/pmc/articles/PMC7285218/

"코끼리도 채식만 해요!"

영웅의 등장

장내 미생물계의 빌런 중 대표주자로 푸조박테리움을 소개한 적이 있습니다. 이번에는 마이크로바이옴 히어로 중 하나를 소개하고자 합니다. '아카만시아 뮤시니필라(Akkermansia muciniphila)'라고 불리는 이 균은 현재까지의 연구 결과로는 당뇨병을 예방하고 항염증과 다이어트에도 효과가 있다고 합니다. 심지어 암 면역 요법에도 효과가 있다고 하여 매우 주목받는 유익균입니다. 이 균의 배양 기술을 '21세기 연금술'로 표현하기도 합니다. 그만큼 키우기 쉽지 않다는 의미입니다. 이 균을 잘 배양할 수만 있다면 메치니코프 버금가는 프로바이오틱스의 대가로 인정받고 많은 돈을 벌 수 있을 겁니다.

베루코마이크로비아(Verrucomicrobia)라고 하는 어려움 이름의 문(Phylum)에 속하는 이 균의 존재와 성격을 알게 된 계기는 지인들의 샘플을 측정하면서 알게 되었습니다. 유독 몇 개의 샘플에서 이 균이 아주 높은 농도로 검출되어 '이게 뭘까?' 하면서 찾아보던 중, 아주 많은 연구 사례에서 이 균이 유익하다는 정보가 있어 인식하게 된 것입니다. 우리는 이 균이 많았던 두 분을 심층 분석한 결과 공통점을 찾았습니다. 바로 등산을 아주 좋아한다는 사실…. 한 분은 술도 적당히 먹고 심지어 담배도 피우며 주말마다 산에 다니시는 중년 남성이었고, 또 한 분은 역시 매주 등산을 하는 40대 주부였습니다.

그 후 지속해서 데이터를 모으고 스스로 임상 대상이 되어 음식의 변경과 운동 전후를 비교해본 결과, 자전거 타기와 코어 운동을 한 달간 시행한 이후에 미미했던 이 균이 급격하게 성장하는 것을 확인했습니다. 그래서 우리는 이 균을 '운동균'이라고 부릅니다. 지속해서 데이터를 모아보니 우리나라 사람의 70% 이상이 이 균을 가지고 있습니다. 양이 많고 적음의 차이는 있지만 대부분 씨앗을 가지고 있는 셈입니다. 따라서 이 균을 배양시킨 다음 균을 복용하는 방법도 좋지만, 잘 성장하도록 이 균이 좋아하는 음식을 먹으면 된다는 결론이 나옵니다.

이 균의 근원이 어딘가 하면 다름 아닌 토양입니다. 밭의 흙을 퍼다가 검사하면 이 균이 나옵니다. 예전에 그런 기사를 본 적이 있습니다.

유럽의 유치원에서 애들한테 흙을 맛보게 한다는 내용이었습니다. 그럼 이 균이 좋아하는 음식을 알기만 하면 되는데 알려진 바로는 '폴리페놀'이란 성분이 이 균의 성장에 도움을 주는 것으로 알려져 있습니다. 폴리페놀의 종류는 식물에 널리 분포하므로 수천 가지가 넘는데, 녹차에 든 카테킨(Catechin), 포도 껍질의 레스베라트롤(Resveratrol), 사과·양파의 퀴세틴(Quercetin) 이외에도 안토시아닌(Anthocyanin), 프로안토시아닌(Proanthocyanin) 등이 알려져 있습니다. 과일에 많은 플라보노이드(Flavonoid)와 콩에 많은 이소플라본(Isoflavone)도 폴리페놀의 일종입니다.

폴리페놀은 광합성에 의해 생성된 식물의 색소와 쓴맛의 성분이므로, 포도처럼 색이 선명하고 떫은맛이나 쓴맛이 나는 식품에 많습니다. 이 물질은 우리 몸에 있는 활성 산소(유해 산소)를 해가 없는 물질로 바꾸어 주는 항산화 효과가 있어 노화를 방지합니다. 또한, 활성 산소에 노출되어 손상되는 DNA 보호, 세포 구성 단백질 및 효소를 보호하는 기능이 뛰어나 다양한 질병에 대한 위험도를 낮춘다고 보고도 있습니다. 또한, 항암 작용과 함께 심장 질환을 막아주는 것으로 알려져 있고 들어 있다고 합니다. 다크 초콜릿에는 포도보다 3배가 많은 폴리페놀이 들어 있다고 합니다.

두 번째는 장 환경입니다. 유익균이 좋아하는 환경은 약산성을 띠는 상태입니다. 특히 운동을 통해 근육이 만들어내는 '젖산'과 '마이토카인

(Mitokine)'이라고 하는 성분은 유익균의 성장에 도움을 주고, 특히 마이토카인은 근육 세포 내 미토콘드리아에 자극을 주면 생산되는 성분으로 인슐린 저항성을 낮추는 탁월한 효과가 있다고 합니다.

아주 어렵게 설명하고 있지만, 결론은 좋은 음식 먹고 운동하면 장이 건강해진다는 너무나 단순하고 명확하며 뻔한 결론이 도출됩니다. 좋은 음식과 운동이 왜 몸에 좋은지 뻔히 안다고 생각했지만, 그 메커니즘을 들여다보니 이 또한 자연의 섭리가 오묘함을 깨닫게 합니다.

깡패 박테리아

학창 시절, 반에서 거의 조폭 같은 녀석이 있었습니다. 이 녀석은 정말 공포의 대상이었으며 항상 누군가에게 시비를 걸고 괴롭힙니다. 선생님께 일러바치는 것도 한계가 있습니다. 도대체 머리에 뇌가 든 건지 똥이 든 건지 알 수 없는 정말 일차원적인 놈이었습니다. 도시락을 제대로 싸오는 걸 본 적이 없습니다. 늘 숟가락만 들고 다니면서 교실을 한 바퀴 돌고 나면 이놈은 배가 다 찹니다. '저런 놈은 정말 없어져야 하는데….' 순기능이라곤 단 1도 없을 것 같은 놈입니다.

하지만 세상에 순기능이 전혀 없는 존재는 없습니다. 모든 존재에는 이유가 있습니다. 그 독한 놈 덕분에 인근 학교의 일진들이 우리 학교 근처에 오지 않았다고 합니다. 원체 성질도 더럽지만, 그 녀석의 형이 그 지역의 유명한 폭력배였답니다. 또, 그 녀석 덕에 선생님의 관심이 쏠려 나머지 아이들은 상대적으로 좀 더 선생님의 감시로부터 자유로울 때가 있었죠. 그 녀석이 교무실로 불려 간 동안….

이번에 소개하는 균은 매우 특이합니다. 유해균의 유익한 기능에 관한 이야기입니다. 그동안 유해균으로 분류하던 균인데 음식 알레르기를 예방하는 기능이 있다고 합니다. 장에 백해무익할 것 같았던 균인데 순기능이 있다고 합니다[10].

"세균이 없는 환경에서 미생물 군집이 전혀 없는 쥐를 대상으로 작업한 결과, **박테로이데스**가 아닌 **클로스트리디아**가 문제가 있는 쥐의 내장에 도입되었을 때 **음식 알레르기 반응을 예방**한다는 것을 발견했습니다."

클로스트리디아는 역시 여러 하부 종을 가진 군집이며, 이 중 클로스트리디움과 같은 유해균이 포함되어 있어 장 염증을 유발하는 매우 나쁜 균의 그룹입니다. 하지만 이 균은 최근 연구에 의하면 면역을 증가시키는 물질을 만들어내는 균들이 포함되어 있는 사실이 확인되고 있습니다. 생태학적으로 비슷한 균이지만 사실상 인간의 시각에서 볼 때, 좋은 놈과

---

10) https://www.scientificamerican.com/.../gut-microbes-may.../

나쁜 놈이 섞여 있다는 의미입니다.

이 균들의 적절한 균형이 알레르기를 예방한다는 잠정적인 결론을 맺고 있습니다. 실험실에서는 이 균이 있는 쥐는 알레르기가 없고 없는 쥐는 알레르기가 있다는 그런 내용을 확인하고 있습니다. 크로스트리디아가 적절하게 존재하는 쥐에는 면역 반응을 약화시키는 조절 T-cell이 더 많다고 합니다. 또, 이 미생물들의 분비물이 식품 단백질이 혈류로 침투하는 과정을 막는다는 그런 논리입니다. 절대적으로 나쁜 균인 줄 알았는데 쓸 데가 있습니다.

< 주요 식품 알레르기 원인 식품

물론 이 균이 있다고 모든 알레르기가 단번에 사라지지 않습니다. 이미 생겨버린 알레르기의 반응성은 장내 미생물의 권한을 넘어서 숙주의 면역 시스템과 연동되기 때문에, 한번 생겨버린 알레르기 메커니즘은 해당하는 음식을 피하는 것 외에는 웬만하면 개선하기 어렵다고 합니다. 그러기 때문에 처음부터 알레르기의 원인이 만들어지지 않는 게 중요한데 그를 위해서는 어릴 때 장 환경의 형성이 중요하다는 의미로 이해할 수 있겠습니다.

어른들은 깔끔하게 키우는 요즘 아기들보다 막 키우던 우리 시절의 아이들이 알레르기를 덜 겪은 것으로 기억합니다. 실제로 시골 농장에서 자란 아이들이 도시에서만 자란 아이들에 비해 알레르기 발병률이 낮다는 연구는 이미 잘 알려진 연구입니다. 우리는 이미 깨끗하게만 키우는 게 답이 아니란 걸 어느 정도는 이해하고 있습니다. 혹시나 하는 마음에 씻고 또 씻고 자꾸 씻는 행위가 아이들의 면역력을 더 떨어뜨리는 길이라는 사실을 잘 알아야 하겠습니다.

아이를 잘 키우는 방법에 '청결함'만 있는 것이 아닐 수도 있겠다는 생각입니다. 그렇다고 더럽게 키우면 더 안 좋겠지만 스스로 적절한 면역력을 기를 수 있도록, 환경에 잘 적응할 수 있도록 다양한 환경과 상황에 적응할 다양한 기회를 주어야 하는 것 같습니다. 아이를 건강하게 키우는 법은 참으로 어렵습니다. 역시 적당하고 적절한 건 어렵습니다.

저항: 저항전분과 장 건강

'레지스탕스(Resistance)'는 원래 '저항'이란 뜻입니다. 프랑스에서 독일 점령군에 대한 시민들의 저항이며, 우리나라의 독립군에 해당하는 단어입니다. 점령군이나, 전체주의에 대항하는 저항 정신은 민주주의가 자리 잡기 전까지 마치 정의와 동일한 단어로 인식되기도 합니다. 군부독재 시대를 겪은 마지막 세대인 우리 세대와 우리의 다음 세대에서 느끼는 '저항'의 의미가 약간 다를 수도 있겠다는 생각입니다.

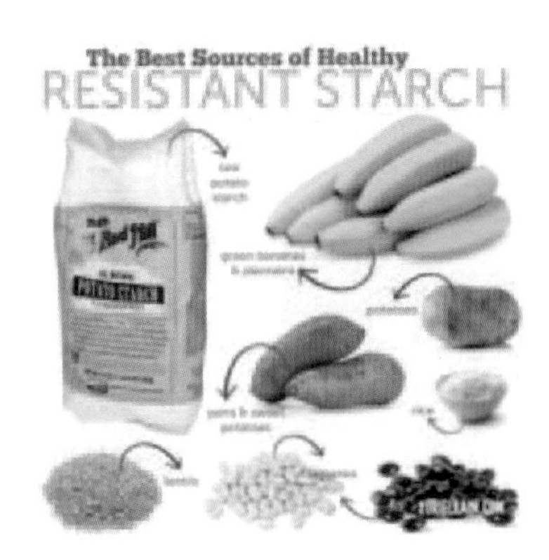

음식과 마이크로바이옴의 분야에서도 '저항'이 상당히 중요한 의미를 갖는 영역이 있습니다. 정의로운 음식? 그런 건 아니고 '소화되지 않고 저항하는 전분'이라는 의미로서 어떤 면에서 보면 인간에게 영양소를 주지 못하는 '불량'의 의미를 내포하

고 있습니다. 하지만 이걸 종합적인 균형의 관점에서 본다면 단순한 불량이 아닌 인간과 마이크로바이옴의 균형적인 영양소로 볼 수 있습니다. 인간은 전분으로 영양을 섭취하고 마이크로바이옴은 저항전분에서 영양을 섭취하여 마치 프리바이오틱스의 역할을 합니다. 인간한테 저항하고 마이크로바이옴에 마침내 굴복하는 걸 보면 인간보다 마이크로바이옴이 더 상위의 먹이사슬에 있는지도 모르겠습니다.

저항전분(Resistant Starch, RS)이란, 소화효소에 의해 분해되지 않아서 인체 내 소장에서 소화 · 흡수되지 않고 대장 미생물에 의해 분해되는 전분으로, 생성 방식에 따라 네 가지 타입으로 분류합니다.

제1형(RS1)은 물리적으로 소화되기 어려운 도정되지 않은 전곡
제2형(RS2)은 자연적으로 형성되는 전분인 생감자나 고아밀로스, 옥수수 등
제3형(RS3)은 노화전분이라고 하며, 냉각 등 가공을 통해 생성되는 빵, 식은 밥, 누룽지 등
제4형(RS4)은 화학적으로 가교결합(Cross-Linked)에 의해 변성된 전분

식이섬유의 일종으로 알려진 저항전분은 프리바이오틱스(Prebiotics)로서 포만감을 높이고 대장 환경, 혈당 및 인슐린 반응을 개선하며, 콜레스테롤을 흡착 · 배출해 중성지질 함량을 낮추고, 체중을 감소시키는 등 다양한 기능성이 있는 것으로 보고된 적 있습니다. 여러 실험에서 저항전분의 섭취를 증대시키면 피르미쿠테스의 비율이 낮아지는 현상이 확인되고 있으며, 다양한 단쇄지방산의 증가로 장 면역이 개선되는 효과가 확인되고 있습니다.

저항전분이 가장 적은 탄수화물 요리는 갓 지은 쌀밥과 면 요리가 되겠

습니다. 귀한 사람들한테 먹이는 막 지은 쌀밥이 사실은 똥을 전혀 만들어내지 못하는 불량 음식이란 겁니다. 쌀밥에 고기만 먹는 귀한 집 도련님보다, 식은 밥과 누룽지에 푸성귀만 먹고 농사짓는 마당쇠가 더 건강한 이유입니다.

저항전분을 많이 가진 대표적인 음식입니다.

≡ 귀리

뜨고 있는 곡물 중 하나인 귀리는 저항전분의 훌륭한 원천입니다. 100g의 요리된 오트밀 플레이크에는 3.6g의 저항전분이 들어 있으며, 귀리 1/4 컵(39g)에는 4g의 식이섬유와 7g의 단백질이 들어 있습니다. 특히 귀리 속 베타글루칸은 콜레스테롤 수치를 낮춰 각종 질환을 예방하는 데에도 도움이 됩니다.

≡ 식은 밥

쌀에도 저항전분이 들어 있지만, 가열해서 밥을 만들면 사라집니다. 하지만 밥을 식혀 찬밥으로 먹으면 저항전분의 양이 높아집니다. 따뜻할 때 끈적거렸던 밥이 식으면서 딱딱해지면 일반전분 함량이 낮아지고 저항전분이 다시 많아지게 됩니다. 상온에서 식혔을 때는 저항전분이 약 2배, 냉장고에서 식혔을 때는 약 3배가량 증가합니다.

≡ 콩

콩과 식물은 세포벽이 있어 소화가 어려운 식품으로, 다량의 식이섬유와 저항전분을 제공하며, 조리한 콩과 식물은 100g당 1~4g의 저항전분이 들어 있습니다.

≡ 감자

대표적인 탄수화물 식품인 감자는 저항전분의 풍부한 원천입니다. 사실 감자는 '혈당지수(GI)'가 높습니다. 하지만 감자를 익힌 뒤 냉장고에서 하루 정도 식히면 저항전분의 함량이 높아져 이를 막을 수 있습니다.

≡ 바나나

바나나는 대표적인 후숙 과일입니다. 덜 익은 바나나에는 저항전분이 풍부하지만 숙성하면 저항전분이 사라집니다. 덜 익은 바나나에는 저항전분이 20% 정도 들어 있습니다. 혈당을 높이지 않는 것은 물론 바나나 속 저항전분은 지방 분해를 촉진하는 글루카곤을 자극해 체중 감량에도 도움이 됩니다.

항생제, 약인가 독인가?

"저 의사는 돌팔이 같아! 도대체 약이 안 들어!"

아픈 아기를 돌보는 할머니는 병원에 갔다 와서 차도가 보이지 않는 아기를 보면서 얘기합니다. 듣고 있던 옆집 할머니가 "저 길 건너 병원 가 봐! 거긴 약을 세게 줘서 한 방에 뚝 떨어지던데!" 하며 거들어 말합니다.

항생제는 인류의 의료 역사를 바꾼 중요한 발명이자 발견이었으며, 인류의 수명을 연장하는 등 아주 중요한 변곡점을 가져왔습니다. 플레밍이 곰팡이에서 페니실린을 발견하고, 이를 이용하여 당시 유럽에서 만연한 매독을 비롯한 성병균을 제거하는 데 효과를 확인하여 획기적인 치료법으로 주목받았습니다. 제2차 세계대전을 승리로 이끈 주역이 연합군 측인 영국에서 개발된 페니실린이었다는 사실을 아는 사람은 많지 않습니다. 몸의 상처를 치료하는 데 매우 획기적인 결과를 보인 덕분에 페니실린은 전장의 많은 병사를 치료할 수 있었으며, 이로 인해 제2차 세계대전이 연합군의 승리로 끝나게 되었습니다.

하지만 이 페니실린은 세포의 외벽이 없는 균만 죽일 수 있기 때문에 이후에 지속해서 다양한 항생제가 개발되었습니다. 다양한 방법으로 세균을 죽일 방법을 찾아냈고, 내성균이 생기면 내성균을 죽이는 더 강한 방법을 찾아내어 마치 항생제와 세균의 보이지 않는 전쟁이 이어지고 있습니다. 하지만, 그사이에 우리 몸에 필요한 균들이 같이 사라지기 시작하였습니다.

다양한 의학 가이드에서 항생제에 관해 경고하고 그를 모르는 의사 선생님들이 없지만, 아기를 업고 온 할머니한테 돌팔이 소리 듣고 있으면 항생제 처방을 하지 않을 수 없는 게 현실입니다. 한국에서 감기 환자에게 항생제를 처방하는 비율이 3~40% 수준이라고 합니다. 정말 꼭 써야 하는 경우를 제외하고는 일부의 병원에서만 항생제를 사용하고 있다는 건데….

"항생제 사용의 첫 번째 규칙은 그것을 사용하지 않는 것이고
두 번째 규칙은 되도록 그것들을 많이 사용하지 않는 것이다."

-Paul L. Marino, The ICU Book

항생제는 분명히 인류에 필요한 치료제입니다. 하지만 환자를 치료해야만 하는 의사 선생님에게는 너무나 다양한 항생제 중에서 필요한 항생제를 잘 선택할 방법이 제공되어야 합니다. 전 세계에서 의사를 가장 쉽게 만날 수 있는 나라가 한국입니다. 따라서 전 세계적으로 가장 많은 환자를 만나야 하는 의사도 한국 의사입니다. 이런 순기능에도 불구하고 5분 이내의 진료 시간에 최고 수준의 의료 서비스가 사실상 불가능하지만 해내야 합니다. 그렇지 않으면 돌팔이로 취급됩니다. 또, 항생제의 남용이란 억울한 누명을 쓰게 됩니다.

소아의 마이크로바이옴 검사에서 항생제의 사용 여부를 가장 잘 보여주는 균은 통상적으로 '엔테로박터(Enterobacter)'입니다. 정상 상태에서 0.1% 미만의 낮은 농도로 존재하는 균이지만, 특정 항생제 복용 후 전체 균종의 20~40%까지 상승하는 현상을 확인하고 있습니다. 유익균이 사라진 자리를 가장 먼저 채우는 균입니다.

또한, 치과 치료 중 항생제를 처방받은 경우에는 유익균에 속하는 프리보텔라가 사라지는 현상이 관찰되며, 대신에 크로스트리디움 디피실이나 시트로박터 같은 염증균이 그 자리를 차지하는 경우가 확인되고 있습니다. 만성 대장염이 지속되어 치료가 불가하다는 판정을 받은 후, 세계 최초로 대변 이식을 받아 완치된 미국 여성은 치주염 치료를 위해 항생제를 처방받고, 설사가 지속되어 크로스트리디움 디피실 감염증 진단을 받은 케이스였습니다.

항생제로 인해 사라진 균은 수개월 혹은 수년 내 다시 복원되지 않습니

다. 항생제가 좋은 탓이지만 순식간에 사라지고 다시 장에 자리 잡기까지는 이전보다 훨씬 더 많은 시간이 필요하다는 사실을 확인하고 있습니다.

다양한 클론병 환자도 제각각 원인균이 다르게 나타나고 있습니다. 개별 처방에 따라 사라지거나, 새로 점령하는 균의 종류가 달라지기 때문에 이를 알아야 대처하는 처방이 가능합니다. 사람마다 몸에 존재하는 인체 미생물은 마치 지문과 같이 생애 초기에 장 점막에 각인됩니다. 지문과 다른 점은 항생제로 지워질 수 있다는 점이지만, 특별한 경우가 아니면 오래 지속됩니다. 수천 종의 장내 미생물 중 나쁜 짓을 하는 놈이 한두 놈이 아닌데 증상만으로 그 녀석을 맞추는 건 노스트라다무스도 할 수 없는 일입니다. 정밀 의학의 출발점에서 장내 미생물 검사가 필요한 이유입니다.

정미소와 당뇨병

산업 혁명은 인류에게 참으로 큰 변화를 주었습니다. 산업 혁명에서 가장 중요한 대상은 증기기관이며 이후 다양한 엔진의 개발은 인류의 생활을 매우 윤택하여 만듭니다. 동물이나 인간의 육체적 에너지 대신 기계의 동력을 사용할 수 있게 되면서 더 빠르고, 더 편한 세상이 되었습니다. 기계 동력의 혜택을 본 것 중 하나가 정미소(精米所)입니다. 물레방앗간이 더는 생산의 장소에 머무르지 않고 연인 간 밀회의 장소가 된 것 역시 산업 혁명의 덕입니다.

물레방앗간에서 이루어지던 '곡물의 정제'를 엔진이 달린 기계가 대신함으로써 인류는 연애를 더 달콤하게 할 시간과 장소를 벌었을 뿐 아니라 더 맛있는 빵을 먹을 수 있게 되었습니다. 곡식에서 섬유질을 완전하게 탈피시키는 정미소와 사탕수수를 공장에서 가공하여 만든 설탕은 식량을 생존의 도구가 아닌, 유희의 도구로 전환한 중요한 변곡점이 되었습니다. 더 맛있는 빵을 먹으려면 밀가루가 아주 곱게 갈려야 하고, 설탕이 대량으로 정제되어야 하기 때문입니다.

정미소는 마이크로바이옴에 어떤 의미가 있을까요? 정제된 곡물은 식이섬유의 비율을 낮추고, 소화되기 편한 음식으로 만들어 영양의 과잉 공급으로 인한 다양한 부작용이 생기기 시작하며 이 중 마이크로바이옴과 관련된 현상들이 보이기 시작합니다.

덜 정제된 곡물은 인간이 소화하기 어려운 식이섬유가 혼입되어 소화기관에서 음식을 소화하는 데 시간이 더 필요합니다. 또한, 정제 곡물은 장내 미생물의 먹이를 줄어들게 한다는 단점이 있습니다. 정제 곡물은 영양분을 흡수하기 딱 좋도록 정제되어 있어서 즉시 흡수되고 혈당이 급격하게 증가하여 인슐린 항상성에 영향을 줍니다. 산업 혁명 이후 각종 성인병이 증가했는데, 과학자들은 그 원인을 정제 곡물에서 찾기도 합니다.

논문 1

https://www.webmd.com/diabetes/type-two-diabetes-race

논문 2

https://www.nature.com/articles/s41599-021-00772-3

수많은 연구 논문 중에서 이 두 편의 논문에서 당뇨와 인종과의 관계 그리고 당뇨와 마이크로바이옴의 연관성을 제시하고 있습니다. 당뇨는 체내에서 합성 및 분비되는 인슐린 자체가 부족하거나, 인슐린이 제 역할인 에너지 대사를 제대로 못 해서 생기는 다양한 증상을 동반합니다. 비만과 운동 부족을 그 이유로 들고 있지만, 왜 똑같이 먹고 놀아도 누군 걸리고 누군 안 걸리는지 모르고 있었는데, 그 원인이 마이크로바이옴에 있을 수 있다는 가능성이 제시되었습니다.

장기간의 생활 패턴은 인간의 장에 사는 장 미생물의 분포를 인종마다 다르게 만들었으며 세포 유전이 아닌 사회적 유전으로 선대의 장 미생물 분포를 유전 받습니다. 하지만, 동일 민족에서도 개개인이 가진 인슐린 저항성을 높이는 균들의 분포가 다르기에 개별적으로 정도의 차이가 있습니다.

수천 건의 임상 데이터 중에서 당뇨가 있거나 가족력이 있는 경우 혹은 당뇨의 가능성이 큰 그룹에서는 프리보텔라 코포리의 농도가 상당히 높다는 공통점이 있습니다. 100%는 아니지만 확연한 유의한 차이가 있습니다. 장내 미생물을 자세히 보면 남보다 당뇨병에 더 잘 걸릴 사람을 미리 알아낼 수도 있을 것 같습니다. 이런 사람들은 밀가루와 설탕만 끊어도 예방이 가능하지만 이걸 안 먹고 살기엔 이미 맛을 알아버려 유혹을 제어하기 어렵습니다. 그럼 해당 균만 없애는 방법을 찾아보면 어떨까 하는 상상을 합니다.

독인가? 약이지!

오랜만에 극장에서 영화를 보았습니다. 역시 마블입니다. 스파이더맨!!! 매 편이 나올 때마다 궁금하게 만드는 마블의 상상력은 늘 기대감을 느끼게 합니다. 세부 내용은 생략하고 문득 스파이더맨의 1편이 기억이 났습니다. 실험실 거미에게 물린 후 거미의 능력이 생긴다는 가정으로 시작하는 이야기인데, 처음 이 만화를 본 게 무려 45년 전 초등학교 시절입니다.

'나도 거미에 물리면 스파이더맨이 될 수 있을까?' 하고 집 안의 거미를 찾아 잡는 데까지 성공했지만 물리는 건 쉽지 않았습니다. 잡을 수 있는 거미는 너무 작았고, 물릴 만한 거미는 차마 무서워 잡을 수 없었습니다. 독이 약이 될 수 있다는 상상력에 의존하긴 하지만 완전히 상상만도 아닌 것이 아주 많은 경우에 독을 이용한 치료법이 있습니다.

남부 퀸즐랜드 우림 지역에서 발견되는 '깔때기그물거미'의 독에 노출되면 심장 박동이 빨라지고 숨쉬기가 힘들어지며 사망에 이를 수도 있는 것으로 알려져 있습니다. 하지만 독에 위험한 성분만 있는 것은 아닙니다. QIMR 버그호퍼 의학연구소 연구진은 최근에 깔때기그물거미의 독에 들어 있는 펩타이드가 흑색종이 퍼지는 것을 막는다는 사실을 밝혔습니다. 흑색종은 멜라닌 세포가 많이 분포된 피부나 점막에 발생하는 악성 종양이나 독에 있는 성분 중 일부 성분이 암세포를 막는 작용을 합니다. 현재 여러 동물에서 발견한 독액 성분이 다양한 질병에 대한 치료제 후보물질로 연구되고 있습니다.

먼저, 청자고둥의 인슐린인데 청자고둥은 껍데기가 두껍고 아름다워서 조개 수집가들이 좋아하는 복족류입니다. 청자고둥 가운데 100여 종은 코노톡신(Conotoxin)이라고 불리는, 신경을 마비시키는 맹독을 지니고 있습니다. 청자고둥은 치설에 있는 작살처럼 생긴 독침을 지나가는 물고기에 쏴 그 자리에서 마비시켜 잡아먹는 것으로 잘 알려져 있습니다. 2004년 미국식품의약국(FDA)의 승인을 받은 진통제 지코니타이드(Ziconitide)는 청자고둥의 코노톡신의 하나로 아미노산 25개로 이뤄진 펩티드입니다. 지코니타이드는 칼슘 통로 단백질에 작용해 모르핀 진통제도 듣지 않는 중증 통증을 완화합니다.

다양한 동물의 독을 이용하여 독성분 중에서 이롭게 사용할 수 있는 성분만 정제하여 약으로 사용하는 기술이 점차 발달하고 있습니다. 동물 독을 이용하던 시절을 지나 마이크로바이옴의 시대에 이제는 박테리아의 독을 이용하는 시대가 되었습니다. 그 대표적인 것이 바로 '보톡스' 주사

제입니다. 보튤리눔 독소(보톡스)는 보튤리누스균(Clostridium botulinum)에서 추출한 생물학적 독성 단백질입니다. 균 자체는 무척 흔하고 자체의 독성은 없지만, 산소가 없는 혐기성 조건에서 체외 독소를 분비합니다. 주로 물고기 등에서 서식하는 이 균이 만들어내는 독소인 보톡스는 **현재까지 인류가 발견하거나 개발한 모든 독소 중에서 가장 독성이 강한 극독물질**입니다.

A에서 C1, C2, H까지 9가지의 타입이 존재하는데, 그중 H형의 치사량은 흡입했을 경우 **10~13ng(나노그램)/kg**이며, 성인 남성을 죽이는 데 필요한 질량은 **단 0.5ng/kg**에 불과합니다. 가루가 묻은 손으로 코나 입을 훑기만 해도 죽는다는 그 청산가리의 치사량이 0.15 그램이며, 복어 독인 테트로도톡신은 300~500ug, 리트비넨코 암살에 쓰여서 일명, 방사능 홍차로 이름을 널린 폴로늄은 대략 10ug이니 보튤리눔 독소가 얼마나 강력한지는 가늠이 되지 않을 정도입니다. 1mL만으로도 수천 명을 죽음에 이르게 하고도 남고, 계산치에 따르면 0.4kg(=400g)만 쓰면 전 인류를 독살할 수 있는 양입니다.

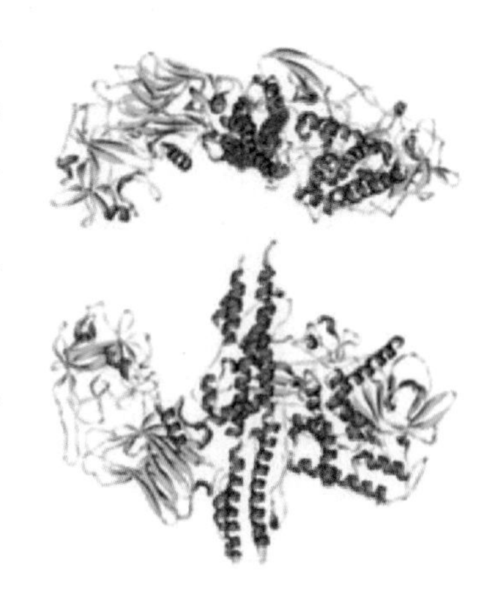

하지만 놀랍게도 의학에서는 보톡스의 독성을 이용하여 미용 목적으로 사용되고 있습니다. 시술에는 비교적 약한 독소인 A형 독소가 사용되나, 보튤리눔 독소 자체가 맹독이라 매우 주의하여 다루어야 합니다. 보톡스의 독성을 통해 특정 부위의 근육을 국소 마비시켜 외모를 개선하고, 특정 부위의 비대해진 근육으로 인한 각종 질환을 치료하는 데에 쓰일 수 있습니다. 이런 정확한 작용 기전을 이해하지 못하고 동네 미용실에서 혹은 입소문을 듣고 찾아간 불법 미용 시술소에서는 입술을 도톰하게 만들기 위해 모세혈관에 이 독을 주입하는 정말 미련한 짓을 하는 사람도 아주 가끔 있습니다.

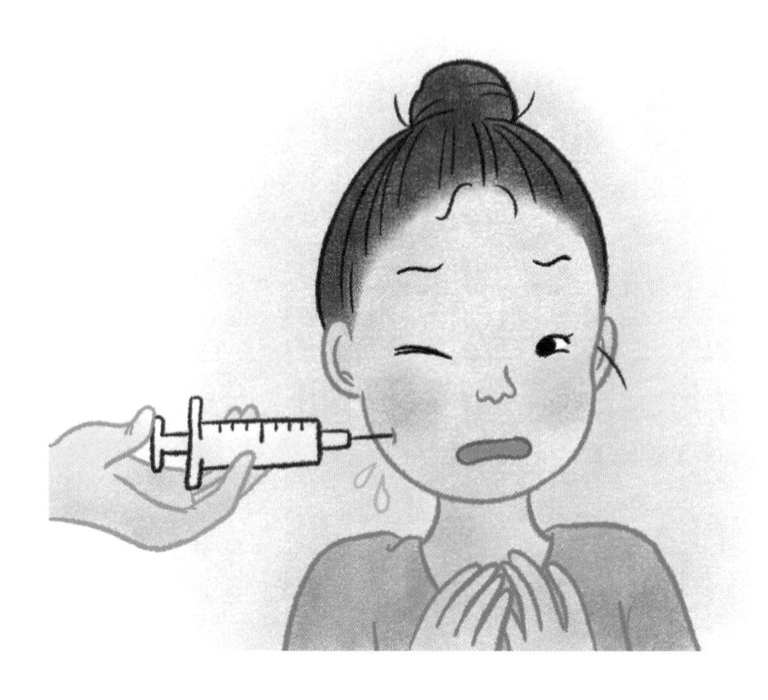

많은 기업과 연구소에서 다양한 마이크로바이옴을 연구하고 보톡스의 사례와 같은 새로운 약을 찾고 있습니다. 마치 쓰레기 더미에서 보물을 찾는 것처럼…. 다양한 시도와 시행착오를 거치면 또 다른 획기적인 약을 미생물의 분비물에서 찾아낼 수 있을 겁니다. 인체에 존재하는 수천 종의 장내 미생물 중에서 그들의 생리작용을 이해하고 있는 균은 극히 일부에 불과합니다. 이 균들은 마치 거대한 생태계와 같이 상호작용하면서 누군가는 독을 만들고, 누군가는 해독하면서 어우러져 사는 것 같습니다.

비료보다 거름

우리의 어린 시절에는 아파트가 별로 없었습니다. 직장을 구해서 돈을 벌어 아파트에서 살기 시작한 지 20여 년이 흘러 예전 마당 있던 집이 그리워졌습니다.

대기업을 과감하게 때려치우고 우리 또래의 남자들의 로망인 전원주택을 직접 짓고 시골 생활을 시작했습니다. 강이 보이는 양평에 소망하던 당구장과 오디오 룸을 갖춘 저만의 성을 지었습니다. 그때 그 돈으로 강남에 아파트를 샀더라면 지금 굳이 사업하느라고 고생 안 하고 안락한 노후를 꿈꾸고 있을지도 모르겠지만 강이 보이는 소박한 우리의 성은 세상

모든 걸 다 얻은 것처럼 좋았습니다.

저만의 텃밭을 가지게 된 첫해 직접 땅을 일구고 모종 가게에서 산 모종과 씨앗을 잔뜩 뿌리고 풍성하게 열리게 될 토마토와 고추를 기대하면서 여름을 기다렸습니다. 어찌 된 일인지 여름이 되었지만, 우리 집 고추와 토마토는 옆집 아저씨네보다 너무나 빈약합니다. 씨알도 작고, 키고 작고, 그냥 다 작습니다. 밭에 물을 주던 옆집 아저씨 물어보십니다. "밑거름을 주긴 한 거야?", "밑거름이요? 그게 뭐죠?"

그렇습니다. 식물은 퇴비나 비료에서 영양분을 공급받아야 합니다. 물 주고 햇빛만 준다고 무작정 자라지 않습니다. 첫해 농사는 망치고 그다음 해 농협에서 포당 2천 원짜리 계분 20포를 사서 텃밭과 잔디밭에 무진장 뿌려 며칠 동안 온 집에 퇴비 냄새가 가득했습니다. 하지만 그해 여름 우린 토마토와 고추를 원 없이 먹었습니다.

마이크로바이옴 분석 사업을 하면서 각종 유산균을 먹은 사람과 그렇지 않은 사람의 장내 미생물을 비교해보고, 유산균과 프리바이오틱스에 대한 비교 임상 실험 결과를 분석하면서 확인한 내용 중, 유산균은 씨앗이고 밑거름과 비료는 음식과 프리바이오틱스라는 사실입니다. 유산균만 섭취한 비만 그룹과 플라시보로 프리바이오틱스에 해당하는 가짜 유산균을 먹은 그룹을 비교한 결과 놀랍게도 가짜 유산균을 먹은 그룹에서 더 유의미한 장내 미생물 종의 변화가 확인되었습니다. 또 다른 실험에서 고등학생들에게 우유를 4주간 지속해서 먹였더니 비피더스균의 농도가 증가합니다. 물론 다른 음식도 같이 먹었지만, 해당 기간에 안 먹던 우유를 추

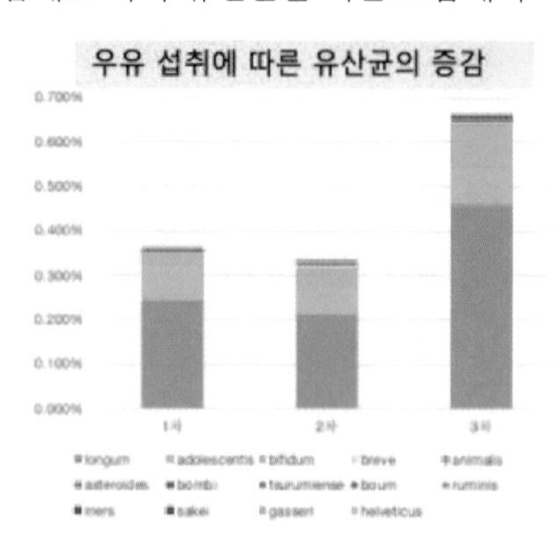

가로 먹었더니 유산균의 농도가 증가하는 현상을 확인한 겁니다.

두건의 사례에서 유산균도 중요하지만 유산균의 선택적 먹이가 되는 프리바이오틱스가 더 중요하다는 사실을 다시 한번 깨닫게 됩니다. 좋은 음식과 운동을 꾸준히 하시는 분은 절로 유산균이 자라고 있음을 확인하고 있습니다. 수천 건의 장내 미생물 분석에서 한국인 중에서 장에 유산균이 없는 경우는 거의 보지 못했습니다. 마트에서 파는 요구르트에서 혹은 뷔페에서 먹는 샐러드드레싱 등 여기저기에서 LGG 유산균이나 혹은 비피더스가 확인됩니다. 이래저래 저도 모르게 기본적인 유산균의 씨앗은 장에 들어가게 됩니다.

하다못해 김치에도 유산균은 있습니다. 최초의 유산균은 사실 엄마의 모유에 포함되어 있습니다. 또한, 모유에는 HMO라는 성분이 있는데 이 성분이 유산균만 선택적으로 자라게 도와주는 중요한 물질입니다. 유아기에 장에 정착된 유산균은 웬만하면 살아남아 증식을 합니다. 위 사례처럼 유산균이 좋아하는 음식이 들어오면 마구마구 증식했다가, 장 환경이 나빠지거나 좋은 음식을 먹지 않을 때는 세력이 위축되기도 합니다. 세균은 적절한 환경이 조성되면 20분마다 두 배로 증식할 수 있습니다. 진짜로 장을 위한다면 음식으로 보충되기 어려운 좋은 균을 보충해주고, 균을 잘 키우기 위한 비료와 퇴비로서 프리바이오틱스와 좋은 음식을 먹어야 합니다. 유산균을 주입하는 것보다는 유산균이 잘 살 수 있는 환경을 만들어주는 게 더 중요하다는 의미입니다.

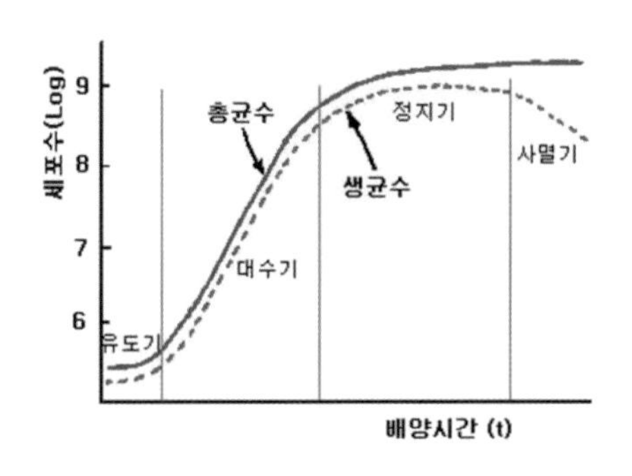

< 세균의 증식 곡선

진짜로 장을 위한다면 음식으로 보충되기 어려운 좋은 균을 보충해주고, 균을 잘 키우기 위한 비료와 퇴비로서 프리바이오틱스와 좋은 음식을 먹어야 합니다. 장벽이 취약한 상태에서 유산균은 때론 독이 될 때도 있습니다.

수년 전, 장벽이 심하게 손상된 50대 여성이 유산균으로 인해 패혈증에 걸린 사례도 있습니다. 장벽이 손상된 상태라면 유산균을 조금씩 늘려주는 게 적합합니다. 유산균도 균이며 혈류에 들어가면 독이 될 수 있기 때문에 장벽을 개선해주는 것이 우선입니다.

수천 종의 장내 미생물 중에서 10여 종 미만의 유산균이 장을 점령한다면 오히려 건강을 해칠 수 있습니다. 유산균만 가득한 장과 유산균과 공생균이 어울려 사는 장을 굳이 비교한다면 콩나물시루와 콩나물로 비교할 수 있겠습니다. 흙에 뿌리를 내리는 콩은 잎이 무성하고 후손을 만들 만큼 풍성하게 자라지만, 씨앗끼리 물만 먹고 자라는 콩나물은 잎사귀 하나 없는 앙상한 뿌리 한줄기로 생을 마감하게 됩니다. 유산균은 장을 튼튼하게 만드는 좋은 씨앗이지만 이 역시 과유불급입니다. 균형이 건강의 유일한 비결입니다[11].

11) https://n.news.naver.com/article/009/0004898865

방귀와 향수

엘리베이터에는 5명의 남자와 4명의 여자가 타고 있습니다. 그런데 수상한 냄새가 스멀스멀 올라옵니다. 소리도 없이…. 그 냄새가 분명합니다. 어쩌면 장이 썩은 사람일지도 모르겠습니다. 지린 정도는 아닙니다. 왜냐면 지렸을 때는 시큼한 냄새가 동반되지만, 이 냄새는 달걀 썩은 냄새와 비슷하기 때문에 순도 높은 방귀가 분명합니다. 냄새의 패턴으로 볼 때 그놈보다는 그녀일 확률이 좀 더 높습니다.

누구도 차마 말을 못 하지만 8명은 '누굴까?' 범인을 찾는 눈치입니다. 티 나지 않기 위해서는 범인 역시 '난 아닌데 누구지?'라는 더 어색한 표정을 지어야 합니다. 대개는 얼굴이 붉어진 사람이거나 혹은 냄새를 맡지 못하는 척하는 사람이 범인이지만 경험상 냄새와 인상이 찌그러진 순서로 정황을 볼 때 추정할 수 있는 범인은 제 뒤에 있는 두 여성 중 한 명이 분명합니다. 굳이 범인의 얼굴을 보지 않으려고 그녀가 내리는 동안 그저 스마트폰에 집중합니다.

학창 시절, 캠핑을 떠나면 꼭 텐트 안에서 화생방 훈련을 시키는 녀석이 있습니다. 그러고는 자기 방귀는 냄새가 안 난다고 하거나 혹은 좋은 냄새라고 우겨대다가 친구들에게 멍석말이를 당합니다. 친구들의 집단 린치 후 텐트 끝쪽으로 쫓겨난 후에도 신호가 올 때마다 조용히 텐트를 열고 엉덩이를 바깥으로 내밀어 가스를 해결합니다.

방귀의 구성 요소를 살펴보자면, 음식을 섭취할 때 음식과 같이 들어오는 공기(산소와 질소) 그리고 호흡을 통해 만들어지는 이산화탄소(CO2), 소화액과 음식이 화학반응을 통해 만들어지는 황화가스 및 암모니아 화합물 및 기타 다양한 방향족 가스 화합물들(스카톨, 인돌)이 혼합되어 생깁니다. 그리고 가장 중요한 장내 미생물이 음식 찌꺼기를 먹고 만들어내는 다양한 가스(수소, 메탄)들이 추가됩니다.

수소와 메탄가스를 생화학적으로 생산하는 기술은 이미 수십여 종의 박테리아를 확보하였으며 상용화가 진행되고 있습니다. 크로스트리디움, 엔테로박터, 크렙시엘라 등 많은 사람이 장에 있는 균에서 수소가 만들어지고 있습니다. 그 외에 메탄가스를 만드는 균 역시 수십여 종 이상이 존재하며 소가 배출하는 메탄가스는 오존층을 위협할 만큼 엄청난 양이 배출됩니다. 배 속에서 수소와 메탄가스가 가득 찬다면 그야말로 시한폭탄이 될지도 모르니 방귀는 되도록 안 참는 게 건강에 이롭겠습니다. 드라이브 중에 아직 방귀를 트지 못한 연인의 얼굴색이 노래진다면 조용히 차를 갓길에 세우고 그녀의 가스 배출을 도와줍시다. 아는 척 말고 전화하는 척하면서 잠시 3m 정도 거리를 떼어주는 센스 있는 남자가 됩시다.

방귀 냄새를 만드는 균은 주로 스키톨과 인돌이라고 하는 방향족 가스인데, 먼저 스키톨은 분자식을 보면 두 개의 벤젠고리에 메틸기가 붙어있으며 이놈을 떼어내고 아미노기가 붙으면 포도 향을 만들어내는 향수가 됩니다. 또한, 구수한 방귀 냄새를 만드는 인돌의 경우는 딸기향 혹은 장미 향과 분자 구조가 유사하며 심지어 일부 향수의 원료가 되기도 한답니다. 향유고래의 변 역시 중요한 향수의 재료가 된다고 하니 방귀와 향수는 한 끗 차이입니다.

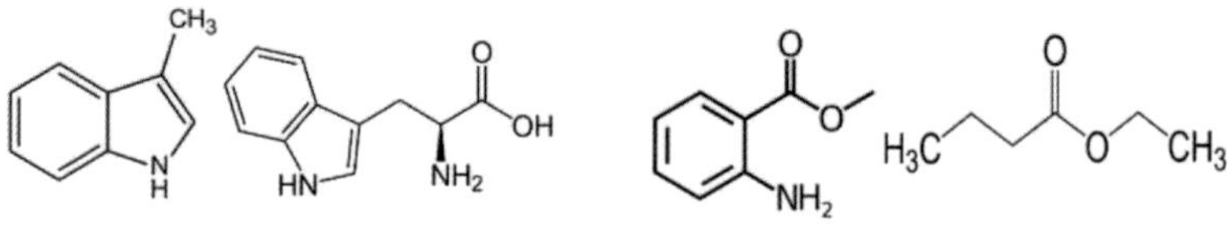

스키톨 인돌 포도 향 딸기 향

[방귀 성분] [향수 성분]

똥의 냄새와 방귀 냄새의 차이는 똥에는 다양한 산이 포함되고 있어 시큼한 냄새가 더해집니다.

< 향유고래 똥

공기의 비율이 높은 경우에는 자주 뀌지만 냄새가 독하지는 않고, 공기의 비율이 낮고 육류의 섭취 비율이 높은 경우에는 암모니아 생성 비율이 높아져서 냄새가 아주 독해집니다. 특히, 황화수소는 유독성이 있는 가스이며 푸세식 화장실 혹은 정화조에서 질식 사망에 이르게 하는 독한 가스입니다. 황은 미토콘드리아 기능, 해독 기능을 하고 신체의 구성 성분이기 때문에 매우 중요한 영양소이며, 황을 다량 함유한 채소는 배추과, 버섯과, 양파과 채소입니다. 마이크로바이옴의 다양한 개체 중에서 메탄 생산은 **메타노박테리아**(Methanobacteria)의 존재에 의존하는 반면, 이눌린 분해 동안 H2 생산 개체 간 차이는 **라크노스피라과**(Lachnospiraceae)에 의해 주도되고 있다고 합니다.

낯선 사람들 틈에서 방귀가 나와버린 저 아가씨는 지금 얼마나 현재 상황을 회피하고 싶을까요? 참을 만큼 참다가 새어 나온 터라 냄새는 더 진하게 퍼져 갑니다. 음식을 급하게 먹는 남자들은 상대적으로 공기흡입량이 많아 대부분 방귀의 성분이 공기가 많습니다. 또한, 배변 주기가 짧은 편이라 냄새가 덜 합니다. 반면 고기를 좋아하는 그녀는 공기흡입량이 적어 방귀의 순도가 올라가기 때문에 더 독한 냄새가 납니다. 어제 먹은 단백질이 풍부한 치즈와 스테이크는 방귀의 순도를 더 높여줍니다.

지구의 주인은 누구?

톰 크루즈와 다코타 패닝이 어린 시절에 찍은 영화 〈우주전쟁〉은 인간보다 월등한 존재인 외계인이 지구를 점령하는 내용의 영화입니다. 기존의 영화 작법에 비해 달라진 점은 외계인을 물리친 것이 근육질의 영웅이나 하늘을 날아다니는 히어로가 아닌 지구의 박테리아, 바이러스라는 점입니다.

박테리아는 원래 인간이 세상에 존재하기 전부터 존재해왔습니다. 137억 년전 빅뱅이 있었던 후부터 억겁의 시간 동안 우주는 팽창하고 있으며

그 광대한 우주의 한 귀퉁이에서 우주 물질이 회전하면서 중력이 만들어지고 응축되면서 지구가 만들어집니다. 물질의 기본적인 원자가 분자가 되고 분자가 물질을 이루면서 에너지의 구배를 이용한 수많은 물질 간의 대사를 통해 유기체가 형성되면서 생명이 탄생합니다.

처음부터 다세포 생물이 생기진 않았을 거고 아마 단세포인 박테리아가 생명의 시작이었으리라 추정합니다. 아마 박테리아는 아주 오랜 시간 동안 인간을 보지 못했을 겁니다. 수십억 년을 아무것도 없었을 시간을 보내고 난 후 다세포 생물이 등장하고 마침내 인간이 등장합니다.

인간이 등장한 것은 우주의 나이로 볼 때 어느 찰나의 순간입니다. 수십억 년 동안 지구상의 유일한 생명체이던 박테리아의 세상에 인간이 나와 주인 행세를 합니다. 보이지 않는 박테리아의 존재도 알지 못하고 그들의 세상에 줄 하나 긋고 '여기는 내 땅'이라고 주장하지만 사실 그 땅 안에는 이미 박테리아나 바이러스가 이미 들어와 있는 상태입니다.

인류의 역사 동안 아주 여러 차례 박테리아와 바이러스로 인류는 혼쭐이 납니다. 지금도 그런 와중이고요. 인간은 지구를 점령했다고 믿었지만 사실상 아주 오랜 시간 동안 인간과 박테리아는 서로에게 길들면서 조화를 이루어 왔습니다. 그 질서와 조화가 깨어지면 문제가 생깁니다. 박테리아보다 훨씬 적은 바이러스 역시 박테리아와 함께 인류보다 먼저 지구를 점령한 놈들이었습니다.

그 질서는 체내에서도 동일하게 적용됩니다. 인체에 존재하는 마이크로바이옴의 숫자에 대한 과학자의 해석이 다양합니다. 수년 전만 해도 인간 체세포 수인 37조보다 훨씬 많은 100조라고 했다가, 몇 해 전에는 대략 45조 정도라는 연구가 나왔습니다. 100조나 45조나 엄청 많기에 굳이 어느 것이 맞는지 따질 필요는 없을 것 같습니다.

그렇다면 45조라고 치고, 그중 90%가 장에 있으며 장의 표면적이 대략

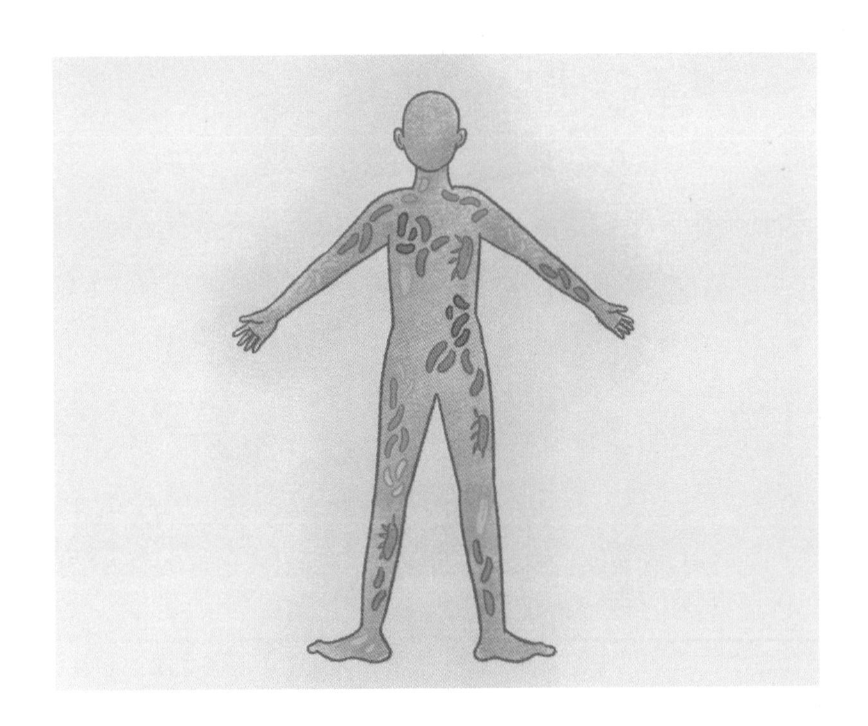

60평 정도라고 하니 공학적으로 계산하면 1×1(mm) 안에 대략 25만 개의 균이 존재한다는 계산이 나옵니다. 그야말로 바글바글한다는 표현이 딱 맞겠습니다. 박테리아의 평균 크기가 수 um 수준인데 1×1(mm)에 수십만 개가 들어가려면 일렬종대로 세워도 수십 층이 쌓여야 합니다. 그냥 수십 층의 박테리아가 자기들끼리 뭉쳐 있기도 하고, 장의 표면에 존재하는 뮤신층에 주로 살고 있습니다. 이 촉촉한 뮤신층에는 그 많은 박테리아의 양분도 같이 존재합니다. 한 인간에게 장 미생물의 생태계는 그 자체로 하나의 우주가 됩니다. 행성의 생성과 소멸에는 수십억 년의 시간이 필요하지만, 장의 생태계는 아주 짧은 시간 동안 생성과 소멸이 이루어지는 것 빼면 우주의 생성과 소멸이 인간의 인생과 다를 게 없습니다.

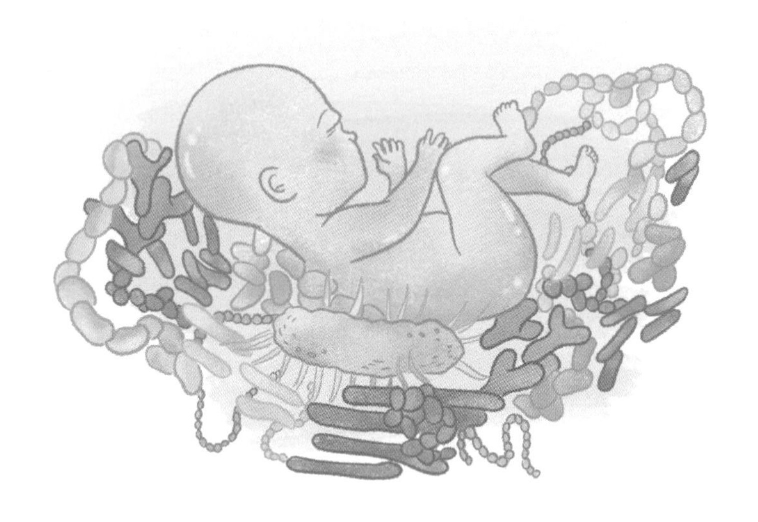

엄마의 자궁은 무균실이라는 학설은 매우 지배적이고 확실하다고 알려진 학설입니다. 하지만 지구 어디에도 완벽한 무균실은 없다는 주장이 있습니다. 실제로 양수와 태변에서 다양한 미생물이 확인되고 있습니다. 처음엔 실험에 문제가 있었는지 의심했지만 반복될수록 데이터는 점점 날 때부터 장에는 세균이 있다고 말해줍니다. 다만, 그 균들이 잘 살아 있는지는 모르겠지만요.

그리고 아주 적은 양이지만 분명히 거기에 있었습니다. 빅뱅을 무에서 출발하는 태초의 시작이라 하지만 거기에도 씨앗이 존재했을 것이며 인간의 장에도 그 씨앗이 있는 것 같습니다. 태어나는 빅뱅의 순간을 지나 인간의 몸에 미생물들이 급격하게 성장하고 조화를 이루며 생태계를 만들어갑니다. 박테리아의 증식 속도는 15~20분 정도입니다. 만일 조건이 완벽하다면 균 하나가 하루 만에 수십 경(1021)이 됩니다. 하지만 실제로는 증식 속도와 소멸 혹은 배출의 속도가 균형을 이루면서 수십조의 균이 상재하게 됩니다.

아주 오랜 시간 동안 인간과 박테리아는 서로에게 길들면서 조화를 이루어왔을 겁니다. 장벽에 붙어살거나 똥을 통해 배출되거나 혹은 피부에 또 여러 기관에서 균형을 맞추고 있습니다. 모든 생태계에서 지나친 간섭은 균형을 깨뜨리고 깨어진 균형은 건강에 이롭지 않습니다. 우리는 그 질서를 파악하는 데 관심을 두고 있습니다. 아주 세밀하게 DNA를 분석하여 박테리아의 유전적인 성질을 분석하는 것도 중요하지만 큰 숲을 바라보듯이 전체적인 조화와 관계를 측정하여 개인에게 가장 적절한 환경을 만들어주는 것이 우리가 하는 일입니다.

인간의 몸은 아주 복잡한 생화학 공장으로 인식하고, 다양한 입력 변수에 더 다양한 출력값을 측정하기 위해서는 많은 참고 자료(Reference Data)와 컴퓨터 성능이 필요합니다. 유효한 입력 자료(Input Data) 또한 매우 중요합니다.

당뇨가 생기기 전에는 어떤 균이 많은지, 대장암이 생기기 전에는 어떤지 알아보려고 합니다. 어떤 것들이 질서를 깨는 요인이 되는지 좀 더 정확히 알면 예방할 수 있을 것 같습니다.

항생제의 역습

특별하게 아픈 데는 없었지만 별다른 건강관리도 하지 않는 평범한 동네 아줌마인 로라는 술을 많이 먹은 다음 날, 가끔 설사는 하는 것 외에는 문제가 없었습니다. 50대를 지나 살도 좀 붙어 푸짐한 체구이지만 사는 데 불편함은 없습니다. 그러던 어느 날 잇몸이 붓더니 점점 치통이 심해집니다. 잇몸에서 고름까지 나옵니다. 참을 수 없는 치통 때문에 단골 치과에 가서 치료를 받았습니다. 치과에서 처방받은 약을 먹고 잇몸병은 한결 좋아졌습니다.

그런데 소화가 잘 안 되는 것 같더니 일주일 정도 지나자 장염 증상이 심해지고 결국에 병원에 입원하기에 이릅니다. '크로스트리디움 디피실 감염증'이라고 합니다. 원인을 알았으니 치료하면 되겠지 했지만, 약이 없답니다. 흔히 항생제를 사용한 후에 잘 생기는 이 균은 항생제 내성균으로 장에서 악성 염증을 유발합니다. 항생제로 유익균과 공생균이 사라진 장에 항생제를 이겨내는 이 균이 점령한 것입니다.

몇 달 동안 고생하던 로라에게 의사가 말합니다.

"치료해볼 방법이 있긴 한데…."

말끝을 흐리는 게 좀 수상합니다.

"뭔데요?"

"저… 남편분의 대변을 당신 장에 주입하는 겁니다."

"헐!!"

한 달 후, 로라는 아주 건강해졌습니다. 지금은 널리 알려진 대변이식술이 처음에 시행될 때만 해도 참 미친 짓처럼 보였습니다. 하지만 70~80% 수준의 완치율을 보일 만큼 장 미생물을 이용한 이 치료법은 아주 획기적입니다. 4세기 중국에서는 식중독과 설사병 환자에게 똥물을 먹이는 치료법이 있었으며, 명조에서도 '황금 수프' 치료법에 대한 기록이 있습니다. 아랍인들은 초식동물인 낙타의 배설물을 이용 세균성 이질을 치료한 기록이 있으며, 우리나라에서도 장독을 치료하는 데 '똥물'이 사용되었습니다.

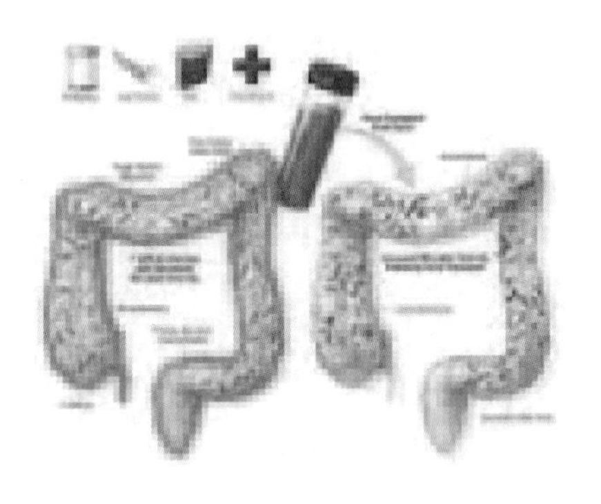

현대에 이르러 1958년에 미국에서 최초의 대변이식술이 시행되었습니다. 이후 연간 수천 건의 대변이식술이 시행되고 있지만, 아직도 완전히 의료 관련 법이 완결되지 않는 그레이존에 해당합니다. 우선 기증자에 대한 규정이 없습니다. 건강한 똥에 대한 의학적인 규정이 없기 때문인데 당시만 해도 지금처럼 마이크로바이옴을 측정하는 기술이 없었기 때문에 건강하다고 추정되는 사람의 똥을 사용했습니다. 사실상 아직도 '건강한 똥'의 정확한 규정이 없습니다. 어떤 경우에도 완벽하게 '건강한 똥'은 없기 때문입니다. 사람마다 몸의 상태가 다르고 유해균이 완벽하게 없는 똥이 없기에 어떤 경우에나 위험이 잠재되어 있습니다.

가장 일반적인 대변이식술은 건강한(?) 똥을 희석한 후에 장벽에 분무기로 뿌려 코팅하는 방법입니다. 장벽의 점막을 장악하고 있는 크로스티리디움 디피실과 건강한 대변의 균이 경쟁하도록 하는 방법입니다. 추가로 유익균에게 유리한 환경까지 조성해줍니다. 이걸 한 번만 하는 게 아니라 몇 번에 걸쳐 장벽에 좋은 똥을 코팅해주면 장 점막의 유해균이 점차 줄어드는 원리입니다. 최근에는 대변을 캡슐에 담아 복용하는 방법도 있습니다.

똥을 먹는다는 건 상상도 하기 싫지만, 수면 대장내시경하고 깨어나보니 장이 튼튼해져 있더라 하면 해볼 만하다 싶습니다. 그래서 우린 좋은 똥을 가진 사람을 찾고 있습니다. 사람마다 적절한 똥이 다를 것이므로 좋은 똥이 돈이 되는 시대가 오고 있습니다. 크로스트리디움 디피실 감염뿐 아니라 다양한 분야로 확대할 수 있습니다. 날씬해지는 똥, 알레르기 치료하는 똥, 머리 좋아지는 똥, 예뻐지는 똥…. 똥도 골라서 사는 시대가 곧 올지도 모릅니다.

하루살이 햄버거의 일생

나는 햄버거입니다. 남들은 정크푸드라고 욕하지만, 난 나름대로 좋은 혈통을 가진 한우 육질을 약간 포함하고 있고, 미국 남부의 비옥한 토지에서 생산된 질 좋은 밀가루, 지중해 연안에서 키워진 토마토로 만든 페이스트, 한국의 경상남도 의령에서 길러진 싱싱한 토마토와 양상추, 계란, 식용유, 식초 그리고 소금이 적당히 혼합된 마요네즈로 만들어졌습니다.

중간중간에 설탕이 좀 과하게 들어가고, 약간 오래된 식용유를 사용하였으며 어쩌다 살짝 태웠지만, 오히려 맛이 좋아졌습니다. 맛을 더 좋게 하려고 비계를 조금 넣은 것 빼고 따져 보면 그리 나쁠 것도 없습니다. 이 정도의 트랜스 지방과 설탕은 애교로 봐줄 만한 수준 아닌가요?

날 한 손에 들고 있던 녀석이 한입 크게 베어 물었습니다. 이 녀석은 침이 참 많습니다. 침에 흥건하게 젖어 식도로 진입합니다. 침의 성분은 대부분 물이지만 구강에는 다양한 전해질과 효소 및 다양한 종류의 펩타이드가 존재합니다. 침에 많은 아밀라아제는 우리를 싸고 있는 빵의 녹말을 녹이기 시작했습니다. 양치를 자주 하지 않은 이 녀석은 다양한 세균들도 존재합니다. 프리보텔라는 장에서보다 입에서 더 나쁜 짓을 많이 하고 있는데 치주를 갉아먹던 이놈들이 음식과 섞여 위장으로 들어갑니다. 한입 베어 물 때마다 내 몸의 일부가 떨어져 그 녀석의 목구멍으로 넘어갑니다. 먹히지 않기 위해 필사의 탈출을 해보았지만, 양념 조금과 양상추 반 조각이 떨어졌을 뿐, 우리는 탈출에 실패하였습니다.

이제는 체념하고 그 녀석의 목구멍을 지나 위장으로 들어갑니다. 곧이어 따라 들어온 콜라 때문에 우린 위장 바닥에 추락하고 말았습니다. 생각보다 위장은 널찍한 게 별것 없습니다. 충분히 씹지 않고 넘겨서 입안의 침은 아직 우리를 다 해치지 못했습니다. 그런데 위벽에서 뭔가가 나오기 시작합니다. 염산입니다. 펩신과 함께 우리의 중심을 잡아주던 고기 패티를 마구 공격합니다. 위산(胃酸)은 위에서 분비되는 소화를 돕는 액체입니다. pH가 1.5~3.5 정도이며 0.5%(5,000ppm)의 **염산**과 대량의 **염화칼륨, 염화나트륨**으로 되어 있으며 **펩신**과 함께 **단백질**의 소화를 돕는 역할을 주로 합니다.

이미 만신창이가 된 나는 이제 형체가 없이 죽처럼 으깨져 십이지장을 지나 소장으로 들어갑니다. 위액을 만나 이미 형체는 사라졌지만 난 아직도 햄버거였었는데 소장에서 만나는 다양한 소화액은 빵을 포도당으로 고기는 아미노산으로 지방을 지방산으로 완전히 해리시켰습니다. 그나마 양상추에 조금 있던 섬유질이 소장을 지나는 길에 길동무가 됩니다. 지나온 길에 아직 박테리아 친구들을 별로 보지 못했습니다. 장에 가면 아주 많을 거라 했던 박테리아는 아직 나타나지 않습니다. 하긴 지나온 길 중간중간에 나오는 산성 용액들 때문에 박테리아 친구는 살기가 너무 어려워 모두 대장으로 가는 중이라고 합니다.

그러나 어느샌가 박테리아들이 나타나기 시작했습니다. 산성 용액이 음식을 분해하면서 힘을 다 써버려서 박테리아가 살 만한 세상이 되었습니다. 일부 용감한 박테리아는 남은 담즙산을 먹고 2차 담즙산을 만들어 다양한 대사 활동에 도움을 주기도 합니다. 갈수록 점점 박테리아의 종류가 다양해지고 개체 수가 많아집니다. 대장에 이르고 보니 장벽에 이 녀석들이 빽빽하게 자리를 잡고 있습니다. 셀 수 없이 많습니다. 장 점막에 자리 잡고 있던 박테리아들은 자기가 좋아하는 먹을거리가 들어오니 미친 듯이 달려들어 배를 채웁니다.

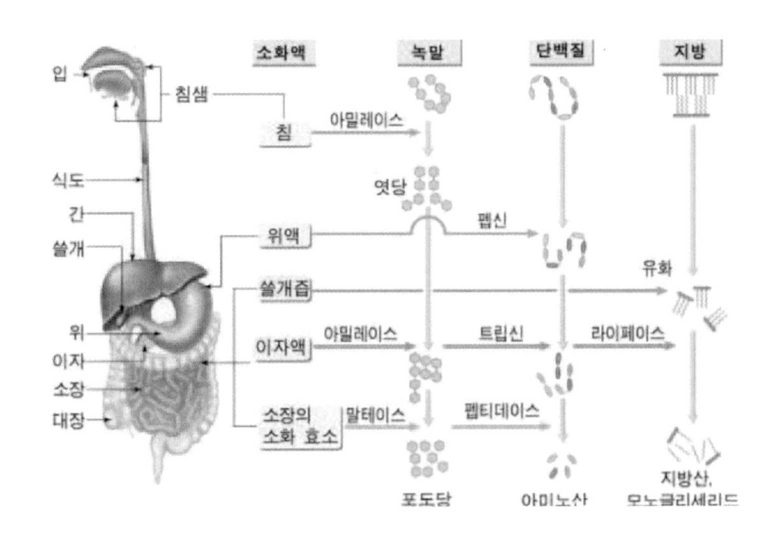

햄버거는 단당류로 분해되는 정제 밀가루와 육류를 구성하는 단백질과 트랜스 지방이 주요 구성물입니다. 이 음식을 좋아하는 박테리아인 박테로이데스 후라질리스와 기름기 좋아하는 루미노코커스가 신이 났습니다. 미역국을 즐겨 먹던 프레베우스는 풀이 죽어 "오늘은 내가 먹을 게 없구나." 하고 자기 자리로 들어가고, 전분을 좋아하던 후라질리스와 고기를 좋아하는 불가투스는 지 세상을 만나 맘껏 먹고 증식하기 시작합니다.

이 두 녀석은 그리 착하지 못해 숙주인 인간에 이로운 물질보단 해로운 물질을 더 많이 배출하기 때문에 햄버거를 먹은 이 주인은 오늘 그리 속이 좋지 못합니다. 맘씨 착한 프레베우스와 비피더스는 오늘은 굶지만, 내일 주인이 미역국이나 채소라도 먹어주기를 바라는 맘으로 먹이 활동을 중단하고 장벽에 숨습니다.

지난해까지 근근이 살아 있던 옆 동네 프리보텔라는 지난달 주인이 치주염으로 인해 먹은 항생제 때문에 유명을 달리했다고 합니다. 지금 그 자리는 깡패 같은 푸조와 엔테로박터가 차지했습니다. 그나마 아직은 독한 유해균이 지금 이 자리까지 넘보지 않고 있지만, 주인이 맨날 이런 음식을 먹으면 이 동네 깡패인 프로테오가 언제 들이닥칠지 늘 불안합니다. 그 녀석은 주인이 주는 음식에 만족하기는커녕 맨날 주인의 장벽을 탐하여 상처를 주고 있습니다.

햄버거를 먹고 미안했는지 주인이 요구르트 한 병을 들이켰나 봅니다. 음식과 함께 장 속을 지나가던 유산균이 한마디 하고 지나갑니다. "어이! 거긴 어때? 난 앉을 자리가 없어 그냥 가네…ㅜㅜ" 운 좋게 아주 조금 장에 자리를 잡고 앉은 락토바실러스도 있습니다. 한때 건강의 상징과도 같았던 그 친구도 힘이 드나 봅니다. '주인이 인제 좋은 음식도 먹어줘야 내가 생명을 보전할 텐데….' 다시 태어난다면 난 비빔밥이 되겠습니다!

유전되는 건 유전자만이 아니다

피임이란 게 없던 시절, 집마다 7~8남매가 흔하던 베이비 붐 시절을 지나 우리 세대만 해도 집마다 형제가 없는 집이 드물었습니다. 동네 골목에서 놀 때도 형제 없는 외톨이는 늘 힘들었습니다. 특히 싸움이 나면 형제가 있는 친구들이 항상 유리했습니다.

하지만 이젠 둘 키우는 집도 흔치 않습니다. 인구가 줄어가면서 생기는 또 하나의 문제는 아기 대부분을 초보 엄마가 키운다는 점입니다. 최소 둘째부터는 첫째의 경험으로 둘째를 키우지만, 혼자 큰 아이들 대부분은 100% 초보 엄마한테서 키워집니다. 자신의 어린 시절을 기억하지 못하는 엄마들은 주로 맘 카페나 인터넷을 통해 육아 지식을 쌓아갑니다. 인터넷의 지식이 때론 정확할 때도 있지만 누군가의 주관적인 주장일 경우, 그걸 따질 만한 식견이 없다면 그저 '카더라'에 넘어갑니다. 심지어 좀 알 만한 사람도 속아 넘어갑니다.

또, 요즘 깔끔한 젊은 엄마들은 아이를 무균 상태로 만들려고 합니다. 손에 흙이라도 묻으면 그냥 물수건이 아닌 살균된 물수건으로 닦아줘야 직성이 풀립니다. 빡빡 문질러 혹시라도 묻어 있을지 모르는 세균을 없애려고 합니다. 사실상 피부를 보호하고 있는 유막까지 닦아내야 직성이 풀립니다. 피부를 보호하는 유막 같은 것은 남아 있어야 유해균이 들어오는 걸 막아낼 수 있는데 그저 닦아내는 거 외에는 다른 방법을 생각하지 않습니다.

① 의욕만 앞선 초보 엄마는 위험합니다.

엄마들은 자신의 어린 시절을 기억하지 못합니다. 젖먹이 시절 본인이 어떻게 키워졌는지 기억하지 못합니다. 다만 성인이 된 이후 스스로 음식과 취향을 선택한 이후의 기억으로 자신의 자녀들에게 적용합니다. 예를 들어 과도한 깔끔함은 변비나 아토피의 원인이 될 수 있다는 점을 전혀 인식하지 못합니다.

② 아픈 아기에게는 아픈 엄마가 있습니다.

장이 안 좋은 아기들의 변 검사를 종종 의뢰받습니다. 변비를 제외하면 아기들 대부분에게 유해균이 과도하게 검출됩니다. 장이 안 좋은데 세균 때문이라면 뭔가 문제 있는 균이 검출되는 게 너무 당연합니다. 문제는 답이 바로 나오지 않는다는 점입니다. 그래서 장이 오랫동안 좋지 않은 아기들은 엄마들과 같이 검사를 하기 시작했습니다.

상당수 해결책은 엄마의 습관에서 찾을 수 있었습니다. 다이어트로 밥 굶기를 밥 먹듯이 했던 엄마나 아침밥을 굶고 브런치로 커피와 케이크 한 조각 먹고 저녁은 고기와 소주 혹은 맥주와 치킨으로 소화기관을 혹사한 젊은 엄마가 있다면, 자식의 장도 약해질 확률이 높습니다. 성인의 장보다 아이의 장은 훨씬 더 민감합니다. 반대로 딸아이가 살찐다고 고기는 안 먹이고 살 안 찌는 채소만 먹이는 엄마도 있습니다.

갓 태어난 아기의 장에는 매우 정교하게 정규화된 균들이 존재하고 있습니다. 엄마의 양수에서 비롯된 균들이 아주 미량 존재합니다. 제왕 절개 혹은 자연분만, 모유 수유 혹은 분유 수유 등 몇 가지 선택에 따라 유아기 아기의 장에는 조금씩 다르게 장내 미생물이 형성됩니다. 딱 1년이 지나 고형식을 시작하면 아기의 장은 큰 차이를 보이면서 달라집니다. 마치 손금이 생기듯이 장에 균들이 급격히 자리를 잡기 시작합니다. 이유식을 하는 시점부터 아기의 장은 특색을 만들어 갑니다. 먼저 자리 잡은 균들이 고착하면서 나름의 생태계를 형성합니다.

물론 중간중간 이벤트가 있습니다. 아파서 약을 먹기도 하고, 여행 가서 새로운 음식을 먹기도 하고, 정체 모를 보약을 먹기도 합니다. 약 2년간의 격동기를 겪은 아기들은 장에 나름 특색을 가지게 되며 대부분 엄마와 유사한 특성을 가집니다. 의뢰받은 몇 건에서 만성 장염이 있는 아이는 푸조균과 크로스트리디움이 확인되었고, 그 엄마는 역시 푸조균과 라크노크로스트리디움이 확인되었습니다. 또 다른 케이스에서 아픈 아기는 다양성이 또래보다 아주 낮았으며 그 엄마 역시 매우 입이 짧고 다양성이 낮았습니다. 엄마가 아기한테 단지 유전자만이 아니라 식습관까지 물려주는 것입니다. 우린 이걸 '사회적 유전'이라 부릅니다.

장내 미생물의 해석

반도체 엔지니어로 일하던 25년 전 어느 날, 야근을 마치고 퇴근 준비를 하는데 라인(Line)에서 전화가 걸려 옵니다. 기분이 싸한 게 심상치 않습니다. "대리님, 이거 확인 좀 해주셔야겠는데요…." 제품에 문제가 생겼습니다.

여기서 제품이란 건 반도체 웨이퍼(Wafer, 기판)이며 확인이 필요하다는 말은 내가 담당하는 공정에 문제가 생겼다는 의미이고, 뒷말을 흐린 건 "너 오늘 집에 못 갈 거야."라는 의미를 내포하고 있습니다. 그래도 혹시나 하는 마음에 지체 없이 현장으로 달려갑니다. 방진복을 갈아입는 중에도 아무 일 아니길 바라는 마음에 초조해집니다.

김○○ 님이 현미경 위에 문제의 웨이퍼를 올려두고 날 기다리고 있습니다. 현미경을 보는 순간 한눈에 알아볼 수 있습니다. "헉! 이건 오염이다." 공정 체임버(Chamber)가 오염되면 나타나는 몇 가지 현상 중 하나가 필름(Film)에서 나타나고 있습니다. 즉시 장비를 세우고 전후에 진행한 제품을 다 뒤져봐야 합니다. 퇴근을 못 하는 게 문제가 아니라 난리가 났습니다.

공정 체임버는 공정 중지 후 고진공 상태로 회복되었습니다. 진공도만 봐서는 문제가 없어 보입니다. "RGA 물려보자." 잔류 GAS 분석기를 연결했습니다. 이 분석기는 아주 미세한 잔류 가스를 검출하고 증폭하여 보여주는 장비입니다. "어, 이게 뭐지?" 평소에 보던 것과는 다른 가스 피크(Gas Peak)가 보입니다. 공정 가스보다 아주 적은 양이지만 전에는 본 적이 없습니다. 이게 문제의 원인이었을 확률이 매우 높습니다. 체임버를 열어 문제의 원인을 찾았습니다. 위의 해결법에는 두 가지 원리가 있습니다.

① 증폭

아주 작은 신호를 증폭하는 방법으로 신호(Signal)를 전체적으로 증폭하여 로그(Log)함수를 적용합니다. 그러면 큰 신호와 작은 신호를 한 번에 볼 수 있습니다. '일, 십, 백, 천, 만…'이 '1, 2, 3, 4, 5…'로 표현되는 방법입니다. 고등학교 때 배우면서도 왜 이딴 걸 배우는지 모르겠다고 투덜대던 그 로그가 맞습니다. 다 쓸 데가 있었습니다.

② SPC

빵 만드는 회사가 아니라 '통계적 공정 관리'입니다. 처음 보는 저 불순물은 애당초 스펙(Spec)이란 게 없습니다. 하지만 평소에 없었고 '보통'과는 다르기 때문에 문제의 원인이 될 확률이 매우 높습니다. 일본에서 개발된 이 품질 관리 기법은 간단하지만 의외로 쓰임새가 많습니다. 늘 후줄근한 차림으로 다니던 김 대리가 갑자기 화장하고 옷을 사기 시작하면 이건 통계적으로 볼 때 좋아하는 사람이 생긴 겁니다. 반드시 맞지 않을 수도 있지만 그럴 확률이 높다는 의미입니다.

장내 미생물을 분석한 NGS 데이터를 처음 받고 무언가 분석을 해보려고 기존의 바이오 분석 툴로 이것저것 그래프를 만들어보았는데, 도대체 뭐가 뭔지 알 수가 없습니다. 그래서 20년 전 반도체 엔지니어 시절 적용한 그 방법을 떠올렸습니다.

체임버는 '장(腸)'이고 다양한 가스가 '마이크로바이옴'입니다. 1g에 수억 마리가 있는 장내 미생물에 로그함수를 취하면 장벽에 붙어 아주 조금만 검출되는 세균도 그래프로 표현할 수 있습니다. 데이터가 조금씩 쌓이면서 '보통'과는 다른 환자만 가진 특별한 균들이 보이기 시작합니다. 스펙은 없지만 분명 '다르다'는 건 확실합니다.

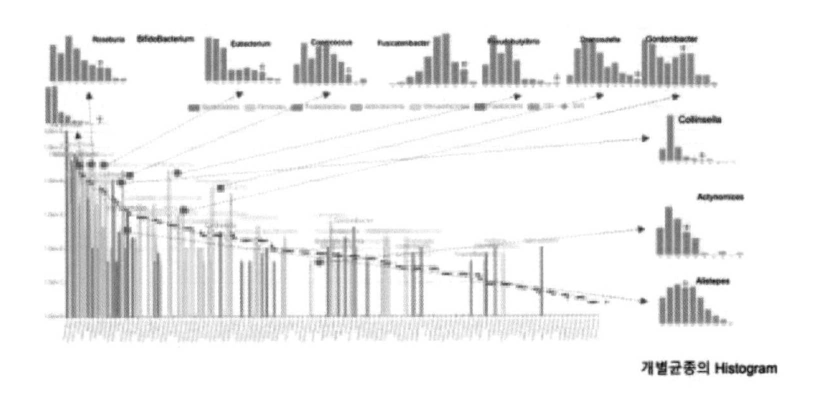

개별균종의 Histogram

제왕 절개를 통해 태어난 아기는 시트로박터가 확연하게 높게 나타나며, 장염이 있는 환자는 크로스트리디움, 항생제 먹은 아기는 엔테로박터가 많습니다. 당뇨가 있는 사람은 프리보텔라 코포리가 많고, 아토피가 있는 아기들은 피르미쿠테스나 프로테오의 다양한 균종이 랜덤하게 이상패턴이 나타납니다.

다양성이 아주 낮은데 유산균 농도만 높은 아기는 엄마가 먹는 건 대충 먹여도 유산균은 비싼 걸 먹인다는 사실을 의미하며, 우리 아들 김치찌개가 최애 음식인데 프리보텔라는 없고 불가투스균이 많은 건 김치는 안 먹고 돼지고기만 골라 먹기 때문입니다.

먹는 건 평범한데 아카만시아가 많은 이 아저씨는 등산광입니다. RGA에서 보던 이상 패턴의 분석법을 대입하면 다양한 분석이 가능합니다. 하지만 스펙이 없습니다. 그래서 의료법상 진단을 할 수 없습니다. 하지만 다양한 유의미한 분석이 가능합니다. 한 2천 건을 보고 나니 점쟁이하고 비슷해지기 시작했습니다. 언젠가는 스펙이 만들어질 겁니다. 식전 혈당 수치를 스펙으로 정하고 당뇨를 수치로 진단을 하는 것도 결국 임상 데이터가 축적되어 유의미한 수준을 합의로 결정하였을 것이기 때문에, 많은 환자의 장 미생물 데이터를 모아 유의미한 수준의 데이터를 만들어야 합니다.

25년 전 의욕 충만한 반도체 엔지니어가 도입한 RGA는 이제 반도체 공장에서 기본적인 툴이 되었습니다. 장내 미생물을 분석하는 이 툴이 기본적인 장 검사 도구가 되기를 바라봅니다.

코딱지

"엄마, 쟤가 철수야!"

버스에서 우연히 친구의 뒷모습을 발견한 영희는 엄마한테 친구를 알려주고 싶었습니다. 같은 반 반장인 철수는 공부도 잘하고 성격도 좋고 운동도 잘하는 친구였습니다. '어머 코 파고 있어!', '어머! 쟤 먹었어!! 어떡해!' 약간 좋아하는 마음이 있었던 영희는 철수의 지저분한 모습에 정이 뚝 떨어졌습니다.

다들 한 번쯤 코딱지 맛을 본 기억이 있지요? 없다고 우기면 할 수 없지만, 우연히라도 아니면 코 삼키면서 맛을 느껴본 적이 있을 겁니다. 진짜 경험이 단 한 번도 없다면 알려드리죠. 약간 짭조름하고 찝찌름한 마른 젤리 같은 식감이 있습니다. 사실은 철수는 저의 아바타고 진짜 솔직하게 9살 때인가 맛을 본 기억이 있습니다. 찝찔한 맛이었고 다시 입에 대고 싶지 않았는데 논문을 보다가 그때 생각이 났습니다. 영희는 상상의 인물입니다. 그런 여자아이는 없었습니다. ㅜㅜ

대기업에서 일하던 시절에 스위스 장비 회사로부터 반도체 장비를 구매한 적이 있습니다. 실무 책임자로 장비 검수를 위해 태어나서 처음으로 유럽을 가게 되었습니다. 그때만 해도 비행기 탈 때 신발을 벗어야 하는 줄 알았던 시절이었으니 처음 가는 유럽이 너무 신기하고 좋았습니다. 장비 검수보단 말로만 듣던 유럽에 가는 게 흥분되고 좋았습니다. 나름 대기업의 책임자가 온다는 소식에 그 회사에서 이런저런 의전에 신경을 많이 쓰는 것 같았습니다.

첫 만찬에 그 회사 부사장님이 우리를 초대했습니다. 만찬이 분위기 좋게 이어질 무렵, 그 회사의 담당 과장 크라우스가 갑자기 냅킨을 들더니 코를 '팽'하고 풉니다. '뭐 저런 매너가 다 있지? 우리 무시하나?' 하는 생각이 들었는데, 이어서 그 옆에 앉은 부장도 이사도 틈틈이 코를 풀어댑니다. 가뜩이나 코도 큰 사람들이 어찌나 울림통이 좋은지…. 동행한 한국 대리점 사장님이 알려주셨습니다. 그 사람들에게는 그게 실례가 아니라고 합니다. 혹시 유럽에 가서 이런 일을 겪어도 놀라지 마세요.

코가 커서 코딱지도 클 것 같은 유럽인이 코딱지에 관심을 많이 가지는 게 당연한지도 모르겠습니다. 코가 큰 사람들이 사는 독일, 호주, 오스트리아에서 코딱지를 연구한 결과가 많이 있습니다. 건조한 기후에 오래 산 이 사람들은 건조한 기후에 맞게 코가 진화하여 긴 코를 가지고 있으며, 아마 그래서 코딱지도 더 크게 만들어졌을 것 같습니다.

코딱지에는 사실상 살균 효과가 있는 물질이 있습니다. 코로 들어오는 이 물질이 코의 점막에서 분비되는 점액과 그 안의 마이크로바이옴을 비롯한 면역 성분으로 말미암아 다양한 면역 물질로 만들어지는 과정을 확인했다고 합니다. 아미노산 여러 개가 원형으로 연결된 '루그더닌'이라는 물질로 콧속에 사는 특정 세균과 결합해 항생 물질을 만드는 것으로 2017년에는 미국 하버드와 매사추세츠공과대 합동 연구팀이 코딱지에 포함된 성분이 질병을 예방하고 면역력을 향상한다는 연구 결과를 발표했습니다.

코딱지에 들어 있는 소량의 박테리아가 우리 몸에서 일종의 '예방 접종'과 같은 역할을 한다는 겁니다. 코에서 가장 많이 발견되는 코리네박테리아는 일부 병원성 균이기도 하지만 조미료의 성분인 글루탐산 발효에도 활용되는 균주입니다. 이 균 말고도 다양한 병원성 균종과 비병원성 균종이 확인됩니다. 이 사람들의 연구에 따르면 유럽인의 코딱지에는 **코리네박테리움**(Corynebacterium)이 가장 많이 발견되었습니다(21.53~48.60%). 그다음엔 **나이세리아**(1.11~14.80%), **포도상구균**(6.12~9.61%), **연쇄상구균**(5.18~6.47%) 그리고 소량의 락토바실러스도 확인됩니다.

이 균들은 콧속 점액층에 있는 항균 물질과 만나 한바탕 전쟁을 치르고 다양한 항균 물질을 증식시킵니다. 대부분의 균은 죽은 상태로 존재하고 있으며, 코딱지야말로 진정한 포스트바이오틱스(Postbiotics)입니다. 그

와중에 가장 많은 코리네박테리아는 코딱지의 그 짭짤하고 감칠맛을 만들어냅니다. 실제로 사탕수수의 당을 우리가 아는 그 MSG로 발효시켜주는 균이 바로 이 코리네박테리아입니다. 콧물에도 적게나마 당 성분이 있으니 콧물을 발효시켜 조미료 같은 찝찌름한 맛이 만들어진 것 같습니다. 만일 코딱지가 쓴맛이었다면 철수가 그걸 먹지 않았을 텐데 마이크로바이옴이 코에서도 열일합니다.

혹시 아이가 코딱지를 먹는 걸 봤다면 큰일 나지 않으니 너무 놀라지 마시고, 야단도 치지 마세요. 코딱지는 생각보다 덜 위험합니다. 입이 심심해서 그런 거니까 코딱지 대용으로 코가 큰 독일 사람이 만든 '하리보' 젤리를 쥐여주시면 됩니다. 코와 코의 점막은 호흡기 질환을 방어하는 첫 번째 관문입니다. 코의 점막이 마르지 않도록 촉촉하게 유지하는 게 감염을 막아주는 효과가 있지 않을까 생각합니다.

마이크로바이옴,
그들만의 비밀스러운 연결

컴퓨터 게임의 전설인 스타크래프트는 50대인 우리도 접해본 게임의 전설입니다. 인간과 외계인 그리고 괴물 종족이 가상의 공간에서 전략을 세워 영토를 차지하는 게임입니다. 전략도 중요하고 게임 스킬도 아주 중요합니다. 게임에 정성이 부족한 난 그저 편싸움에서 수비만 하거나 혹은 공격 유닛만 잔뜩 만들어 항상 후배들한테 후방을 공격당했던 허접한 게이머였습니다.

'커맨드센터(Command Center)' 스타크래프트 게임을 해본 사람은 바로 이 단어를 압니다. 테란 종족의 본부입니다. 모든 명령이 내려지는 작전 본부입니다. 개별 유닛을 만들고 다양한 건물을 짓는 일꾼을 생산하고 모든 자원을 관리합니다. 인간의 뇌에 해당합니다.

대기업에서 마지막으로 근무했던 부서명이 커맨드센터였습니다. 다양한 제품의 생산과 출하는 총괄 관리하는 부서로 전 세계에 있는 다양한 자원을 모니터링하고 관리해야 합니다. 심지어 전 세계의 외주 협력 공장의 생산 현황까지 관리하는 어마 무시한 관리 시스템이 있습니다.

그런데 게임을 하다 보면 모든 유닛이 내 맘대로 움직이지 않습니다.

일부의 핵심 유닛은 유저가 직접 명령을 내려 움직이고, 공격하고 수비하도록 하지만 나머지 유닛들은 자율적으로 프로그래밍 된 대로, 적이 오면 수비하고 공격하는 일정한 기능을 수행합니다. 그래서 적들의 유인에 빠져 어느새 힘들게 만든 제 부대가 다 죽고 없어진 상황을 발견하곤 합니다.

커맨드센터에서는 영업의 요청을 접수하여 각 공장에 생산을 지시하고 납기 내로 공급이 가능한지 확인하고 늦어질 경우, 고객에 사전에 양해를 구하거나 생산을 독촉합니다. 반면 독촉하지 않는 제품은 자율적으로 생산되어 창고로 들어가는데, 가끔 챙기지 못한 제품이 제때 생산이 안 돼서 주문이 취소되거나 시말서를 써야 할 때가 있습니다.

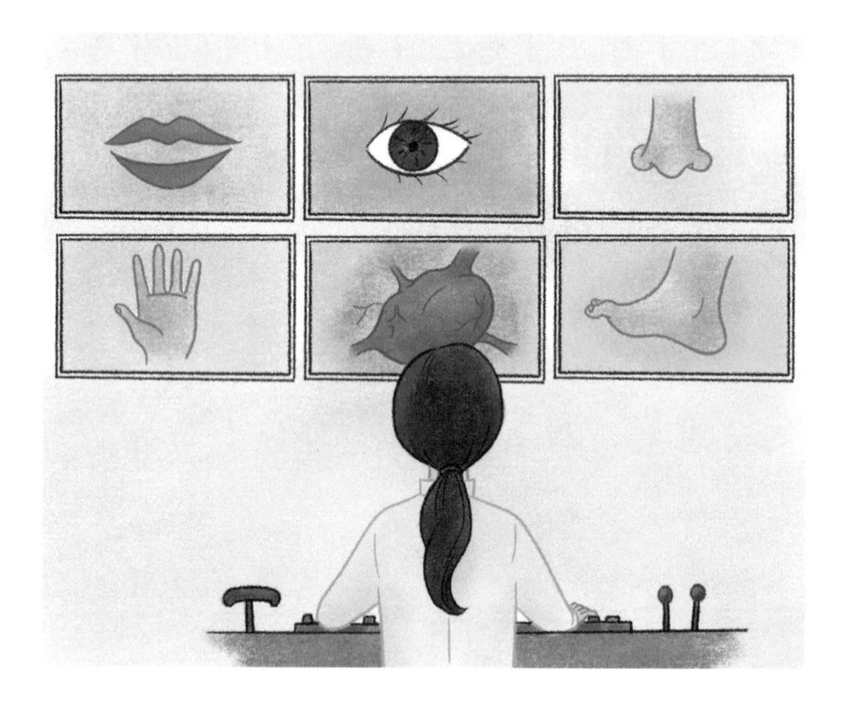

인간의 몸에는 뇌라는 커맨드센터가 있습니다. 인지하는 대상에 대하여는 뇌가 지시하여 명령을 수행하지만, 인체 곳곳에 뇌가 명령하지 않아

도 저 혼자 알아서 동작하는 자율신경계들이 있습니다. 심장도 알아서 뛰고, 소화기관의 각종 소화액도 음식이 들어오면 알아서 분비되며 연동운동도 합니다. 뇌가 자율신경계에 중요한 역할을 한다는 증거는 가장 불편한 사장님 옆자리에서 밥을 먹고 나면 꼭 체하는 사람들에게 있습니다. 다이어트 중에 라면 먹방을 보면 나도 모르게 침을 흘리면서 배가 고파지는 현상도 포함됩니다.

의지, 즉 커맨드센터의 명령 없이 몸 안에서 무언가 이루어지고 있는데, 그중에 중요한 일부에 장내 미생물이 기여한다고 합니다. 바로 신경전달물질입니다. 인체의 미생물들이 분비하는 다양한 신경전달물질이 인간 본인의 의지가 아니라 이 신경전달물질에 지배받는 현상을 보이기도 합니다[12]. 장과 뇌는 또한 신경전달물질이라는 화학 물질을 통해 연결되어 있습니다. 뇌에서 생성된 신경전달물질은 감정과 감정을 조절합니다.

예를 들어, 신경전달물질인 세로토닌은 행복감을 느끼게 하고 생체 시

12) https://www.healthline.com/nutrition/gut-brain-connection#TOC_TITLE_HDR_2

계를 조절하는 데에도 도움이 됩니다. 흥미롭게도, 이러한 신경전달물질의 대부분은 장 세포와 거기에 사는 수조 개의 미생물에 의해 생성됩니다. 세로토닌의 많은 부분이 장에서 생성됩니다. 장내 미생물은 또한 GABA(감마아미노부티르산)라는 신경전달물질을 생성하여 두려움과 불안을 조절하는 데 도움이 됩니다.

여러 논문에서 가장 많이 언급되는 장 미생물이 만드는 신경전달물질은 GABA와 세로토닌입니다[13]. 이 물질을 만들어내는 균은 박테로이데스(Bacteroides)와 파라박테로이데스(Parabacteroides) 정도가 언급되고 있는데 사실 훨씬 더 많은 종류의 균들이 이 물질을 생성하는 데 직간접적으로 관여하고 있습니다. 이런 신경전달물질을 만들어낸다는 균들은 환경에 따라 혹은 어떤 조합이 이루어지느냐에 따라 기능이 발현되기도 하고 발현되지 않기도 하며, 단순히 마이크로바이옴의 존재 여부를 넘어선 훨씬 더 복합적인 상호작용이 있음을 시사합니다.

따라서 몇 개의 균종이 있고 없고에 따라 신경전달물질이 생기고 말고 하지 않는다는 게 제 생각입니다. 좀 더 다양한 투입과 임상 증상 및 심리적인 환경까지 고려되어야 비로소 이 장내 미생물이 몸에서 하는 일들이 밝혀지리라 생각합니다. 또한 GABA는 불안증을 해소해준다고 하지만, 반대로 과하면 우울해진다고 하니 무조건 많은 것도 좋지만은 않습니다. 전통적인 균주 외 최근의 논문[14]에는 Alistepes(아리스티페스)라는 균이 주목받고 있습니다. 특이 유아기의 불안증과 우울증에 관련이 있다는 연구가 있습니다. 이 경우에는 GABA의 과잉 생성이 원인이라고 합니다.

많아도 문제고 적어도 문제입니다. 의지대로 뭔가 되지 않을 때, 당신

---

13) https://www.nature.com/articles/s41564-018-0307-3

14) https://www.frontiersin.org/articles/10.3389/fimmu.2020.00906/full

의 커맨드센터는 장 속에 무언가를 놓치고 있을지도 모릅니다. 장 미생물 검사가 필요한 이유 중 하나입니다.

모유는 슈퍼푸드인가?

애 키우기 힘든 세상이 되어 출산율이 점차 낮아지고 있습니다. 우리가 대학수학능력시험을 보던 그해 수험생이 백만에 육박했던 기억이 있는데, 요즘 한 해에 태어나는 아기는 30만 수준이라고 하니 인구가 줄어드는 게 당연한 일이 되었습니다.

이번 주제는 모유입니다. 모두가 인정하는 아기의 안전식품은 엄마의 모유임을 그 누구도 부인할 수 없습니다. 모유에서 유래하는 다양한 성분을 흉내 내기 위해 많이 노력하지만, 아무래도 수천만 년 동안 진화해 최적화된 모유를 능가할 수 있는 식품은 없습니다. 하지만 우린 항상 아닐 수 있다는 가정에서 출발합니다.

S 사에서 좀 까탈스러웠던 저는 위아래 할 것 없이 '왜?' 혹은 '만약에?'라는 질문을 달고 살았습니다. 아니 솔직히 말하면 어떤 분한테 그렇게 하라고 배웠습니다. 왜라는 질문 세 번에 세상이 바뀔 수 있노라고 하시며 내 보고서에 항상 세 번의 '왜?'를 물어보셨고 대부분은 두 번째를 넘길 수 없었습니다. 그분께 첫 번째로 올린 기획서는 무수히 많은 왜라는 질문 때문에 27번의 수정 끝에 최종 결재를 받을 수 있었습니다. 그래서 우리는 '왜 반드시 모유가 좋은가?'란 질문에서 출발합니다.

모유에는 인공적으로 합성할 수 없는 다양한 물질들이 존재합니다. 가장 질 좋은 유당, 지질, 단백질, HMO 그리고 유익균이 존재합니다. 엄마는 다양한 영양분을 섭취하고 소화해서 유선에 모유의 성분을 모으면 이를 아기가 직접 흡입합니다. HMO(Human Milk Oligosaccharide)는 모유에만 존재하는 올리고당으로, 유익균의 선택적인 먹이가 되어 비피더스균의 먹이가 되며, 병원성 균을 체외로 배출시키는 역할까지 하기 때문에 장내 유익균과 함께 아기의 건강에 매우 중요한 역할을 합니다.

만일 엄마가 영양을 충분히 섭취하지 못했다면 아기에게 전달될 영양분이 부족할 가능성도 있으며 혹은 엄마가 유해균이 많은 상태라면 아기에게 전달될 가능성을 배제할 수 없습니다. 실제로 남미의 신생아와 한국의 신생아는 태변부터 다른 결과를 보이고 있으며, 산모도 마찬가지입니다.

최근의 여러 연구에서 무균 상태로 알려진 태아의 장에는 아주 작은 씨앗과 같은 균들이 미량 존재하고 있다는 사실이 알려지고 있습니다. 출산 과정과 수유를 통해 아기들은 엄마의 마이크로바이옴이 전달되면서 급격히 아기의 장에 엄마가 전달한 미생물들이 자리를 잡습니다. 대표적인 모유 유익균인 비피더스균은 엄마의 장에서부터 유래하여 엄마의 유방에서 아기의 입으로 직접 들어가는 경로를 가지기 때문에 혐기 상태를 유지한 채로 아기의 장까지 전달됩니다.

아기의 흡입력은 매우 강합니다. 유방의 모유는 거의 진공상태에 가까운 흡입력으로 유방에서 아기의 체내에 직접 유입되기 때문에 비피더스균을 비롯한 엄마의 혐기성 장내 유익균이 아기에게 공기와의 접촉을 최대한 피하여 전달된다는 이야기입니다. 따라서 유축기를 사용하여 모아둔 엄마의 모유에서는 그만큼 비피더스균의 손실을 피할 수 없습니다.

현대의 과학은 우유(牛乳)와 모유(母乳)를 연구하여 점차 모유에 가까운 분유를 만들어내었고 마침내 HMO까지 합성해 내었으며, 유산균은 이미 산업적으로 개발되어 모유에 근접하는 조제분유를 만들어내고 있습니다. 완벽하지 않지만, 모유를 많이 흉내 낸 분유들이 존재하며, 아기의 상황에 따라 적합한 분유가 달라질 수 있음을 확인하고 있습니다. 반면에 모유를 공급하는 엄마의 유방은 완벽하게 관리되기 어렵고, 경우에 따라 아기의 구강 미생물이 역으로 엄마의 유방을 오염시켜 모유에 다른 균이 주입되는 경우도 있습니다. 이런 경우에는 엄마가 회복되는 동안 잠시 조제분유에 의존해야 할 필요가 있습니다[15].

한발 양보해서 항상 모유가 모든 면에서 다 좋은 것이 아닐 수도 있기

---

15) https://www.ncbi.nlm.nih.gov/pmc/articles/PMC6986747/

때문에 뭐가 부족한지 알 필요가 있습니다. 우리는 엄마의 장과 모유 그리고 아기의 장이 연결되어 있음을 인지하게 되었습니다. 부족한 걸 채워주고 유해함을 미리 알려줄 수 있는 건강한 모니터 시스템을 만드는 게 우리의 목적입니다.

임금의 똥은 시큼하다

영화 〈광해〉에서 임금은 많은 후궁 앞에서 똥을 싸고, 어의는 그 변을 검사합니다. 왕이라고 해서 다 좋은 건 아닌가 봅니다. 똥 쌀 때만큼이라도 맘이 편해야 하는데…. 젊은 처자들 앞에서 똥 싸는 게 아무리 왕이라도 좋지만은 않을 것 같습니다. 어의는 우선 색과 형태를 보고 냄새를 맡고 맛을 봅니다.

“색은 황금색이 좋고, 형태는 너무 질지도 되지도 않아야 하며, 냄새는 약간 시큼한 냄새가 나고, 시고 쓴맛이 나야 합니다. 너무 무른 똥은 대장의 기능이 약하여 수분이 흡수되지 않은 탓일 것이고, 역한 냄새가 나는 똥은 장에 문제가 있음이며, 단맛이 나는 똥은 소화가 안 되거나 당뇨를 의심할 수 있습니다.”

색이 붉으면 대장의 출혈을 의심할 수 있습니다. 간혹 치질이 원인일 수도 있지요. 가장 흔한 갈색 똥은 담즙의 영향이라고 합니다. 담즙과 장내 세균이 음식을 만나 소화를 시키면서 노란색에서 갈색까지 다양하게 변화합니다. 똥의 색깔과 형태는 음식의 종류와 담즙의 양, 수분의 양, 정체 시간 등이 복합적으로 기여하고 있습니다.

변색이 검다면 검은색 음식을 먹고 소화가 되지 않을 경우도 있지만 검은 똥은 상부 위장관 출혈이 원인일 수 있습니다. 혈액이 오래되면 검은색으로 변하기 때문입니다. 대변이 흰색이라면 병원에 가야 합니다. 담도의 문제가 원인일 가능성이 있다고 합니다.

초록색 똥은 아기들에게서 자주 나타나곤 합니다. 분유를 먹는 아기들의 경우 분유의 종류에 따라 담즙이 그대로 배출되는 경우 녹변이 나올 경우가 있지만 걱정할 필요는 없다고 합니다. 하지만 녹색 설사를 하거나 분유도 안 먹는 어른이 녹변을 본다면 걱정을 할 이유가 있겠습니다. 항생제는 똥을 갈색으로 바꾸는 데 도움을 주는 장내 미생물을 죽이기 때문에 일시적으로 먹은 채소가 색깔이 바뀌지 않고 배출되기도 합니다. 살모넬라와 같은 식중독균 역시 똥색을 녹색으로 바꿉니다. 이때는 열과 설사를 동반합니다.

노란 똥은 황금색과 비슷하지만 조심해야 합니다. 간, 담낭, 췌장의 장

애가 모두 똥색을 노랗게 만들 수 있다고 합니다. 유아의 경우에는 소화가 너무 빨리 진행되어 영양분이 흡수되지 않아 똥색이 노래진 것일 수도 있습니다. 빨간 똥은 대장의 출혈을 걱정했지만, 이외에도 걱정해야 할 게 더 많습니다. 설사가 붉다면 대장균 감염이나 로타바이러스를 의심할 수도 있습니다. 이외에도 붉은 똥은 게실증, 염증성 장 질환, 결장 폴립, 치질 등의 다양한 원인이 있을 수 있습니다[16].

똥 색깔은 그저 몇 가지의 변수로 판단하기 어렵습니다. 참으로 많은 변수가 포함된 함수로 정의할 수 있겠습니다.

y= f(a)f(b)f(c)f(d)f(e)f(g)f(h)…….

a= 정체 시간
b= 소화기관(위, 소장, 대장, 항문)
c= 음식
d= 소화액
e= 간, 담, 췌장
f= Microbiome
g= 투약
h= Mood(기분)

똥 색깔로 건강을 확인하는 방법은 너무 복잡합니다. 너무 다양한 변수를 포함하고 있기 때문에 함부로 판단할 수 없습니다. 위의 모든 변수를 종합해야 하지만 혹시나 하는 마음이 있다면 병원에 가서 검사를 받아보

16) https://www.healthline.com/health/why-is-poop-brown#other-colors

거나 혹은 장 미생물 검사를 해보시면 됩니다.

똥 커피?

루왁 커피는 커피 맛을 좀 안다고 하는 사람은 다 아는 커피입니다. 이 커피를 먹어보지 않고 커피 맛을 안다고 자랑하면 안 된답니다. 대학교 1학년 때 집에 선물로 들어온 루왁을 자랑하던 친구 녀석이 엄마 몰래 커피 한 잔을 만들고, 물을 더 부어 세 잔으로 만들어 나눠주었습니다. 너무 비싸서 엄마가 금쪽같이 아끼는 거라 들키면 안 된다나? 그래도 한 모금이라도 먹기 위해선 방법이 없었습니다. 그때 제가 먹은 루왁 커피는 거의 숭늉에 가까웠습니다. 그래서 전 그 이후에도 약간 탄 숭늉을 먹을 때마다 루왁 커피를 먹는 기분을 느끼곤 합니다.

커피는 쓴맛, 신맛, 단맛, 감칠맛, 짠맛이 모두 함유된 그야말로 인생의 함축판입니다. 쓴맛은 로스팅 과정에서 유기물이 타면서 생기는 물질과 카페인처럼 원래 생두에 함유된 물질로 인해 나타납니다. 신맛은 **커피**에 함유된 산 성분 때문에 나타나고, 감칠맛은 **커피의** 단백질 성분이 물에 녹으면서 주는 질감입니다. 루왁은 희한하게 생긴 사향고양이가 먹고 배설해야 그 맛이 생긴다고 합니다. 본능적으로 '이건 마이크로바이옴의 농간이다.'라는 확신이 생겼고, 확인해보니 역시 그랬습니다.

Kopi는 인도네시아어로 커피를 뜻하며, Luwak은 현지어로 아시아사향고양이를 뜻하는 단어입니다. 이 사향고양이는 먹이로 곤충, 소형 포유류, 소형 파충류, 새의 알 및 갓 태어난 병아리, 몇몇 과일 등과 함께 커피 열매를 섭취합니다. 우리가 아는 커피 열매는 사실 과육 속에 있는 알갱이인데 아시아사향고양이의 소화기관을 거치는 과정에서 외피와 과육이 소화되고 커피 원두만 남게 되며 사향고향이의 소화 과정에서 커피의 향미를 더해주는 역할을 하는 것입니다. 커피콩은 커피 열매의 안쪽 껍질로 싸인 채 배설됩니다.

이런 과정을 거친 커피콩은 세척 과정을 거치고, 커피의 복잡한 향미를 잃지 않을 수준에서 가볍게 볶습니다. 향은 캐러멜, 초콜릿, 풀냄새 등의 특성이 있고, 쓴맛이 덜하고 신맛이 적절하게 조화를 이루고 있습니다. 예전에는 사향고양이가 영역을 표시하기 위해 배설을 하는 특정 장소를 찾아 배설된 커피콩을 수집하곤 했지만, 요즘에는 사향고양이를 잡아 커피 열매를 먹여서 배설하게 하여 그 커피콩을 판매하는 방식을 취합니다.

보호종인 사향고양이의 생산량은 아주 제한적입니다. 그리고 자연에서처럼 커피를 간식으로 먹을 때와 루왁 커피를 생산하기 위해 사향고양이를 가두고 커피 열매를 주식으로 먹일 때 커피의 질이 같지 않습니다. 심지어는 사향고양이가 아닌 유사종으로 양식하는 경우도 있는데 사향고향이가 아니라면 그건 그저 고양이 똥을 먹는 것과 같습니다.

왜냐하면, 유일하게 사향고향이에게서만 발견되는 마이크로바이옴이 확인되었기 때문입니다. 바로 '글루코노박터'라는 박테리아입니다. 글루코노박터 옥시단스는 다양한 탄수화물, 알코올 및 관련 화합물을 불완전하게 산화시키는 능력이 다른 유기체에 비해 탁월하다고 합니다. 또한, 이 유기체는 비타민 C 생산과 같은 여러 생명 공학 과정에 사용됩니다.

그 숭늉 사건 이후에 40대에 우연히 다시 루왁을 먹어보았습니다. 이걸 맛없다고 하면 난 촌스러운 놈이 될 테니 요즘 먹방에서 나오는 다소 과장된 표정으로 "와!!! 커피 향이 끝내주네!" 하고 감탄했지만, 솔직히 그 정도는 아니었습니다. 커피 가격으로 볼 때 어쩌면 그건 사향고양이가 아니라 산 고양이의 똥이었을지도 모르겠습니다. 그리고 아마 누군가는 이미 이 균을 잘 배양해서 루왁을 대량 생산할 기술을 만들고 있을 것 같습니다.

그러면 우린 어디서든 맛있는 루왁 커피를 마실 수 있을지도 있지만, 과연 사향고양이의 배 속에서 일어나는 무수한 복합 반응을 과연 공장에서 재현할 수 있을지 의문이 여전히 남습니다. 그럼 나도 숭늉이 아닌 진짜 루왁을 맛볼 수 있을까요? 이외 코끼리 똥 커피인 블랙아이보리커피, 베트남 사향족제비 똥으로 만든 위즐커피, 브라질의 새똥 커피인 자쿠퍼드커피도 있습니다. 아마 조사해보면 얘네 배 속에도 뭔가 특별한 장 미생물이 있을 것 같습니다.

김치 유산균

김치는 한국을 상징하는 대표적인 음식입니다. 김치찌개, 김치전, 김치볶음밥 등의 다양한 요리와 총각김치, 열무김치, 배추김치, 갓김치, 깍두기 등 역시 다양한 종류가 있습니다. 거기에다 경상도 김치, 전라도 김치가 다르고 경기도, 강원도 김치도 제각각입니다. 대표적인 한국의 발효건강식품으로서 김치는 한국적인 유산균의 근원으로 알려져 있습니다.

우리 어머니의 경상도식 김치는 멸치액젓과 고춧가루가 많은 편이었습니다. 귀한 아들 먹이느라 양념을 아끼지 않으셨지만 정작 아들은 양념 많은 김치가 싫었습니다. 경상도를 떠나 서울로 와보니 김치 맛이 한가지가 아니란 것 알게 되었습니다. 친구 집 가서 먹어본 단맛이 강한 서울 김치는 충격적이었고, 전라도 김치는 역시 감칠맛이 강했습니다.

어릴 때는 김치보다 떡볶이나 고기가 더 좋았고, 이후에도 굳이 김치를 먹지 않아도 먹을 게 참 많았습니다. 김치를 먹어도 생김치보다는 찌개나 볶음 요리를 선호한 탓에 살아 있는 김치 유산균을 제대로 먹지 못한 것 같습니다. 나이가 들어서도 여전히 신김치를 잘 먹지 않는 식습관 때문인지 몰라도 제 장에는 김치 고유의 유산균이 별로 없습니다. 아마 어릴 적 김치를 즐기지 않았기 때문에 김치 유산균이 장에 자리 잡기 어려웠을 겁니다.

김치는 자연 발효를 따르기 때문에 재료의 종류나 계절의 변화에 따라 여러 미생물이 조금씩 다르게 관여합니다. 김치가 발효하기 위해서는 효모나 유산균 등의 미생물이 번식해야 하는데, 김치 담글 때 필요한 양념 중 찹쌀가루나 멥쌀가루 또는 밀가루로 만드는 풀은 윤기와 감칠맛을 더하는 데 중요한 역할을 합니다. 여기 들어 있는 전분을 비롯한 갖은양념과 젓갈류의 영양 성분은 미생물의 주요한 먹이가 됩니다. 반면에 절인 채소의 염분은 일반적인 미생물이나 유해균이 잘 살 수 없는 환경을 만듭니다. 염장의 의도는 사실 채소의 숨을 죽이고 짠맛을 더하려는 의도였겠지만, 분명 유해균보다 유익균을 선택적으로 자라게 하는 좋은 방법이 되었습니다.

김치 발효균은 주로 혐기성균인 젖산균이지만, 초기에 번식하는 호기성 세균도 김치가 익는 과정에 관여하면서 나름대로 독특한 맛을 내는 데 도움을 줍니다. 김치는 숙성의 과정에서 주요 균의 분포가 변화합니다. 특히 지방별로 제각각인 젓갈에는 역시 다양한 종류의 균들이 존재하고, 이 균들이 김치의 초기 발효를 담당합니다. 김치에 들어 있는 효모는 김치의 여러 탄수화물을 분해하고, 유산균은 당을 분해하여 시큼한 맛을 냅니다. 잘 익은 김칫국물에서 젖산이 축적되면 김치는 산성(pH 3.5~4.5)으로 바뀌는데, 젖산균이나 효모는 산성에서도 생존할 수 있기 때문에 유해균과의 선택비가 더 커집니다.

하지만 과도하게 발효되면 유산균은 발효를 멈추고 정체되거나 오히려 줄어들 수도 있습니다. 반면 굴이나 생선을 썩히는 부패 원인균들은 주로 중성(pH 7) 근방에서 살기 때문에, 잘 익은 김치 안에서는 살아남기 어렵습니다. 그래서 김치를 담글 때 함께 넣는 생선이나 굴 등의 해산물이 잘 익은 김치에서도 삭지 않고 모양이 그대로 남아 있는 것을 볼 수 있습니다.

김치가 익는다는 것은 유산균에 의한 발효가 일어나는 것이며, 발효되는 정도는 재료나 온도 등의 조건에 따라 달라집니다. 미생물이 만들어내는 성분들이 여러 맛을 더하면서 특색 있는 김치 맛을 보여줍니다. 집마다 김치맛이 다른 이유 역시 김치마다 유산균의 먹이 종류가 다르게 투입되어 익어가는 시간에 따라 모두 미생물의 발효 정도가 다른 데에서 비롯됩니다.

김치에 자부심이 있는 모든 엄마는 나름대로 비밀 레시피가 있으며 그 비밀스러운 재료와 미리 숨어 있던 세균들의 조화로 새로운 맛이 만들어집니다. 김치의 발효 과정에 도움을 주는 미생물은 약 200종의 세균과 여러 종류의 효모가 있습니다.

발효 초기에는 호기성 세균과 혐기성 세균이 함께 증가합니다. 하지만 김치가 익으면서 호기성 세균의 숫자는 점점 줄어들고 대신 혐기성 세균이 증가하여, 잘 익은 김치에서는 이들이 대부분을 차지합니다. **김치에 포함되는 다양한 유산균의 종류**에는 바이셀라 (Weissella), 류코노스톡 (Leuconostoc), 락토바실러스(Lactobacillus) 등이 일반적으로 알려져 있습니다.

3종의 유산균 모두 락토바실러스와 유사한 계열이며 김치뿐 아니라 양배추김치인 사워크라우트나 중국의 파오차이에도 있습니다. 우리 김치만이 유산균이 많다고 자부하기엔 외국 김치에도 유산균이 존재하고 있음을 알고 있어야 합니다.

김치 유산균 중에서 락토바실러스 플란티넘은 이미 많은 연구와 상용화까지 되어 있으며, 바이셀라, 류코노스톡에 대해서도 유익한 기능이 연구되고 있습니다. 아토피를 비롯한 다양한 면역 질환에 대한 효과가 다소 과장되고 있지만 좋은 것만은 사실인가 봅니다.

우리 자체의 분석 결과는 바이셀라나 류코노스톡은 한국인의 절반 이하만 가지고 있다는 결과를 보여주고 있습니다. 의외로 우리 몸에 김치 유산균이 많지 않다는 사실입니다. 예전에는 어땠는지 알 수 없지만, 한국인의 식생활에서 김치의 의존도가 낮아진 이후 의외로 한국 성인의 장에 김치 유산균의 비율이 낮은 것이 놀랍습니다. 김치를 더 안 먹는 요즘 아이들이 어른이 될 때쯤엔 김치 유산균이 한국인의 장에서 더 줄어들지도 모르겠습니다.

청춘의 적 과민성 대장 증후군

창수는 친구들 사이에서 요주의 인물입니다. 덩치는 크지만, 항상 친절하고 친구를 좋아하는 창수는 언제나 밝은 친구입니다. 맛집 마니아인 창수를 친구들도 좋아합니다. 창수 따라가면 맛집을 잘 찾을 수 있습니다. 하지만 창수에게는 단점이 하나 있습니다. 하루에도 몇 번씩 화장실을 가야 합니다. 놀러 갈 때마다 화장실의 위치부터 먼저 확인해야 하고, 친구들은 여친도 아닌 산적같이 생긴 친구를 번번이 화장실 앞에서 기다려야 했습니다.

회사에 취직한 창수는 아침 회의 때마다 배가 아프면 정신이 아득해집니다. 그래서 언젠가부터 아침을 거르기 시작했습니다. 어쩌다 회식이라도 하면 눈치 보며 화장실을 들락날락해야 합니다. 병원에 가서 진찰을 해봐도 별것 없습니다. 그냥 과민성 대장 증후군이라고 합니다.

과민성 대장 증후군은 현대인에게 상당히 불편한 병입니다. 밥을 먹자마자 바로 신호가 오고 화장실로 달려가는 현상을 자세히 살펴보면 암만 봐도 먹은 음식을 바로 싸는 것 같지는 않습니다. 사실상 그렇습니다. 변은 입에서부터 항문까지 대략 짧게는 3시간, 길게는 30시간이 걸리는 여정을 거쳐 나오게 됩니다. 그런데 이상하게도 먹자마자 **마치 그 먹은 음식물이 바로 변이 되어 나오는 것처럼 변의를 느끼는 것은 왜일까요**?

그 이유는 바로 위대장 반사운동 때문입니다.

위대장 반사운동이란, 위에 음식물이 들어가면 대장이 자동으로 반응해 변의를 느끼게 하는 생리적 현상을 말합니다. 식사를 하면 대장의 수축운동이 즉시 증가해 변의 이동이 활발해져 화장실에 가고 싶은 생각이 들게 만드는 것입니다. 최근에는 기본적인 장의 생리현상 외에 마이크로바이옴의 역할에 관한 많은 연구가 이어지고 있습니다[17]. 위에는 장에 직접 명령을 줄 수 있는 기능이 없습니다. 위의 신호를 뇌가 받아 뇌가 대장에 명령하는 메커니즘을 생각해보면 마이크로바이옴이 관련될 수도 있겠

---

17) https://www.ncbi.nlm.nih.gov/books/NBK549888/

구나 싶습니다.

장은 인체의 가장 큰 소화기관이자 면역기관이자 내분비기관이며 뇌와 상대적으로 독립적인 신경계[장신경계(ENS)]도 가지고 있습니다. 장신경계에서는 신경 구성 요소, 신경전달물질 및 기능적 독립성 측면에서 뇌와 많은 유사성을 나타냅니다. 지난 십수 년간 과학계는 이 장뇌축에 대한 연구를 지속하고 있습니다. 장내 미생물총은 뇌와 행동의 발달을 조절합니다. 장내 미생물총은 장뇌의 구조와 기능을 조절할 뿐만 아니라 뇌와 행동의 발달에도 영향을 미칩니다. 다양한 단계의 미생물군 교란은 다양한 뇌 및 정신 장애를 유발할 가능성이 있습니다[18].

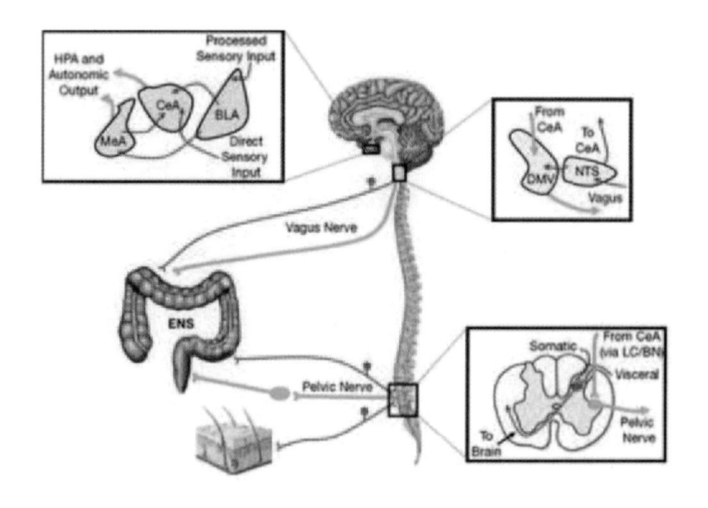

프로바이오틱스가 IBS[19] 환자의 복통, 팽만감 및 고창증의 개선에 대한 효능을 일부 입증했지만, 특정 프로바이오틱스 조합을 결정적으로 꼽아낼 수 없었습니다. 다시 말해 프로바이오틱스가 IBS를 직접적으로 치료

18) https://www.ncbi.nlm.nih.gov/pmc/articles/PMC6039952/

19) Irritable Bowel Syndrome: 과민성 대장 증후군

한 게 아니라 장의 전반적인 기능을 개선하여 IBS에 대한 저항력을 키운다고 볼 수 있겠습니다.

IBS 환자는 종종 우울증이나 불안과 같은 병적 심리적 고통을 동반합니다. 사이코바이오틱(Psychobiotic)이란, 신경전달물질을 만들어내는 장내 미생물을 의미하는데, 우울증의 개선은 "사이코바이오틱 그룹"에서 기능적 자기 공명 영상에 의한 뇌 활성화 패턴의 변화가 확인된 사례도 있었습니다. 퇴근 후에는 눈도 마주치기 싫은 상사와의 회식 자리에서 자주 화장실이 가고 싶어지는 현상이나, 불안해지면 배가 아파지는 건 일부러 그러는 건 아니지만 장에서 생성된 신경전달물질이 뇌에 전달되어 뇌가 장에게 지시하는 2차 명령에 장이 관여하게 되며, 본의 아니게 대장의 비정상적인 운동을 유발하는 현상이며 습관이 되어버린 경우 패턴처럼 반복되는 현상입니다.

이에 직접적으로 관여하는 장내 미생물을 찾아내기 위해 많은 연구가 진행되었지만 딱 맞는 정답을 찾지 못한 것 같습니다. 얼마나 많은 장내 미생물이 관여한 건지도 잘 모르겠고, 단순한 1차 반응이 아닌 연쇄 반응의 기전까지 찾아내는 건 너무 복잡하고 어렵습니다. 그래서 장 미생물을 통째로 바꿔치기하는 대변 이식도 많이 시행하지만, 이 분야에서는 성공률이 그리 높지 않다고 합니다. 당사의 분석에서도 IBS 환자 그룹에서 특별한 균을 찾아내지 못하고 있습니다. 많은 IBS 환자의 경우 다른 특징(비만, 편식, 지병)에 묻혀 특별하게 남들한테 없는 균이 많거나 하진 않았습니다. 원인을 정확하게 특정하기 어렵지만, 해결을 위한 방법으로 '저포드맵(Low FODMAP) 식단'을 추천합니다.

포드맵(FDOMAP)이란, 식이 탄수화물의 일종으로, 장에서 잘 흡수되지 않고 남아서 발효되는 **올리고당**(프럭탄, 갈락탄), **이당류**(유당), **단당류**(과당), **폴리올**(당알코올)을 말합니다. **포드맵 성분**은 소장에서 흡수되지 않고 대부분 대장으로 이동하면서 삼투압 작용으로 인해 장관으로 물을 끌어당겨 장운동을 변화시키고, 대장 세균에 의해 빠르게 발효되면서 많은 양의 가스를 만듭니다. 장내 미생물을 과잉 증식하는 결과를 보여주기도 합니다.

결과적으로 장운동의 변화는 과민성 대장 증후군의 증상인 설사, 복통, 복부 팽만감 등의 증상을 유발할 수 있습니다. 따라서 **저포드맵**(Low FODMAP) **식사**는 **과민성 대장 증후군 환자**에서 증상을 개선하기 위해 포드맵이 많이 함유된 식품은 피하고, 포드맵이 적게 함유된 식품들로 구성하여 개발된 식사 요법이라고 할 수 있습니다.

창수는 맛집 탐방을 중단했습니다. 대부분의 맛집은 저포드맵 식단과는 거리가 멀기 때문입니다. 이 지경으로는 연애조차 힘듭니다. 분위가 잡힐 만하면 화장실을 가야 하는 남자를 어떤 여자가 좋아하겠습니까? 당분간 저포드맵 식단과 운동을 병행해서 장 건강부터 회복하고, 지난번 회사 등반 대회에서 눈을 마주칠 때마다 웃어주던 총무과 미연 씨한테 대시해볼까 합니다[20].

20) https://pubmed.ncbi.nlm.nih.gov/24076059/
https://franklincardiovascular.com/the-brain-gut-connection/

박테리아가 살찌는 무가당 다이어트

시영 씨는 오늘도 단 게 너무 당깁니다. 원래 안 그랬는데…. 임신 5개월 차를 지나고 배가 불러오기 시작하면서 관리하던 몸매는 잠시 손을 놓았습니다. 배가 불렀다는 것을 핑계로 몸매 관리 때문에 못 먹었던 케이크랑 단 음식을 맘껏 먹기 시작했습니다. 날씬했던 그녀의 배는 점점 보름달을 닮아갑니다. 그러나 설탕이 본인에게나 아기에게 좋지 않을 것을 걱정하여 이왕이면 무가당 음식을 선택합니다.

남편 영수에게 오늘도 시영의 톡이 왔습니다. "땡이가 케이크 먹고 싶대. 딸기 생크림 케이크…. 콜라도 당기기는 하는데 너무 단 걸 많이 먹으면 좀 그러니까 무가당 콜라로…." 잠시 후 다시 톡이 옵니다. "땡이가 아이스크림도 먹고 싶대…. 어디 가면 무가당 아이스크림 팔던데…." 시영은 그렇게 열심히 무가당 음식을 찾아 먹었습니다. 그래서 아기에게 좀 덜 미안할 것 같았습니다.

6개월 후, 시영 씨는 3개월 된 아기를 두고 다시 출근하게 되었습니다. 첨엔 모유를 먹었지만, 곧 직장에 나가야 하는 관계로 분유로 갈아탄 후 땡이는 식욕이 너무 왕성합니다. 감사하게도 할머니가 잘 키워주고 계신 덕분입니다. 3개월 된 아기가 어찌나 통통한지 볼이 터질 것 같습니다.

잘 먹고 잘 크는 걸 고마워해야지 하면서도 약간 걱정이 되긴 합니다.

어느 날, 시영 씨는 땡이가 피부를 긁는 모습을 목격합니다. 처음엔 가려운 데를 자꾸 긁어서 피부가 붉어진 줄 알았는데, 자세히 보니 약간의 진물이 나기 시작합니다. 이를 어째…! 땡이에게 아토피 증상이 나타나고 있습니다.

장내 미생물 분석의 교과서에서 가장 처음 나오는 일종의 대원칙이 바로 "최초의 천 일 동안 장 미생물 생태계가 만들어진다."입니다. 여기서 그 시작은 태어난 시점이 아닌 잉태의 순간입니다. 엄마의 자궁에서 잉태된 아기의 씨앗에서부터 점점 성장하면서 양수에서 양막이 생기고 아기의 장기가 형성됩니다. 영양분을 탯줄을 통해 받으면서 커가는 아기의 장에는 엄마로부터 물려받은 아주 적은 양의 장내 미생물들이 조금씩 축적됩니다. 하지만 땡이 엄마가 물려준 장내 미생물은 이미 단 음식에 적응되어 있는 바로 그 장내 미생물입니다.

실제로 임신 기간 중 인공감미료 섭취가 많았던 산모의 아기는 그렇지 않은 아기에 비해 장내 미생물의 조성도 다르고 BMI가 더 높다는 결과를 보이고 있습니다.

우리는 흔히 이야기하는 '무가당'의 비밀을 알아야 합니다. 대부분의 무가당 음식에는 설탕이 없다고 해서 '무가당'이라 표기하지만, 설탕 대신 단맛을 내는 첨가물을 사용합니다. 실제 열량이 없으니 그리 표기할 수도 있나 봅니다. 하지만 연구 결과는 희한하게도 인공감미료를 많이 먹은 엄마를 가진 아기는 루미노코커스 및 크로스드리디알 계열의 장내 미생물 농도가 높은 편입니다. 우리는 이 균을 비만 혹은 장 염증과 관련성이 있는 것으로 해석합니다.

열량이 없어 다이어트 식품으로 알고 있는 아스파탐을 비롯한 다양한 종류의 고분자 당은 비록 인간의 영양분으로 공급되지 않아 살이 찌지 않는 것으로 알려졌지만, 장 미생물에는 영향을 주는 것으로 연구된 결과가 있습니다. 사카린, 아스파탐 등의 인공감미료를 지속 섭취한 경우에 증가하는 균의 종류는 박테로이드 프라길리스(Bacteroides Fragilis), 박테로이드 불가투스(Bacteroides Vulgatus), 황색포도상구균(Staphylococcus Aureus), 파라박테로이드(Parabacteroides) 등의 균들이 확인되고 있습니다.

이 균들은 대부분 고형식 이후에 확인되거나 아기에게서는 없어야 하는 균들입니다. 특히 황색포도상구균(Staphylococcus Aureus)은 피부 감염 등을 통해 아토피의 주요 원인균으로서 아기에게 치명적일 수 있습니다. 이런 균이 아기한테서 나올 수 있는 경우는 엄마를 통하는 경로가 가장 유력합니다. 그러나 아이스크림이나 케이크가 절대적으로 영향을 주는 것으로 확정적으로 말할 수 없습니다.

뭐든 적당히 하면 괜찮지 않을까요? 혹은 인공감미료를 많이 먹지 말고 설탕을 조금만 먹는 게 더 나을 수도 있겠습니다[21].

21) https://genie.weizmann.ac.il/pubs/2014_nature.pdf
https://www.tandfonline.com/doi/full/10.1080/19490976.2020.1730294
https://www.tandfonline.com/doi/full/10.1080/19490976.2020.1857513?src=recsys

간장게장

영희는 대학에서 처음 간 MT에서 난생처음 간장게장을 맛보았습니다. 참 희한한 경험이었습니다. 살뿐만 아니라 딱지를 까서 밥을 비벼 먹으면 그 맛이 정말 기막힙니다. 이후에 다양한 갑각류의 내장이 사실을 알게 되었습니다. 전복내장죽이며, 동태내장탕에 이르기까지 다양한 어패류의 내장을 즐기게 되었습니다. 대학 동기 철수는 간장게장을 들고 쭈뼛쭈뼛하던 영희에게 게딱지비빔밥을 알려주었습니다. 사실은 첫눈에 반해서 어떻게든지 말을 걸어보려고 게딱지의 힘을 빌렸습니다.

CC가 된 영희와 철수는 오랜 연애 끝에 마침내 결혼했습니다. 철수는 MT에서 영희를 처음 만난 바로 그 바닷가에서 청혼하고 마침내 부부가 되었습니다. 10년의 세월 동안 위기의 순간마다 그들을 구해준 건 바로 이 간장게장입니다. 모든 갈등의 순간에도 이 바닷가에 오면 문제가 해결되곤 했습니다.

어느덧 임신 3개월에 차에 들어 도란도란 이야기하던 중 문득 10년 전 그날을 기억해 냈습니다. 그때 먹었던 그 간장게장이 너무 먹고 싶어졌습니다. "자기야, 나 간장게장 먹고 싶어. 너무, 너무!" 여느 오래된 커플처럼 약간 귀찮지만, 태를 낼 수 없어서 부리나케 근처 수산 시장으로 찾아갑니다. 마침 게장을 파는 집을 찾았습니다. "이거 막 잡은 게로 바로 담근 게장이야. 정말 싱싱하고 맛있어!" 인심 좋은 아주머니가 덤까지 얹어

주십니다. 철수는 싱싱해 보이는 간장게장을 들고 그녀가 기다리는 집으로 돌아갑니다.

위에서 가장 큰 문제는 무엇일까요? 뭔가 문제가 있으니까 문제를 내었을 텐데…. 바로 갓 잡은 싱싱한 게장이 문제입니다. 헐, 왜일까요? 수산 생물은 인간과는 다른 장내 미생물총을 가지고 있습니다. 푸조균의 사례에서 보았듯이 해산물의 장내 미생물은 인간에게 이롭지 않은 경우가 더 많습니다. 해산물을 손질할 때 특별한 경우를 제외하고 가장 먼저 내장을 제거하는 이유가 바로 이 박테리아 때문입니다. 물론 기생충 때문이기도 하지만 세균 역시 만만치 않습니다.

수산 생물의 장에는 다양한 세균이 살고 있습니다. 전복의 경우 패혈증을 유발하는 비브리오균을 비롯한 마이코플라즈마 포모사균 등이 많이 존재합니다. 게의 경우에는 슈도모나스까지 발견되기도 하며, 생선류의 내장에는 푸조균도 존재합니다. 하나같이 모두 인간에게 매우 해로운 존재들입니다. 따라서 전복은 회로 먹을 때 매우 조심해야 합니다. 생선회를 먹을 때도 내장은 얼른 제거하고 회를 떠야 합니다. 게의 경우 생으로 먹는 경우보다는 쪄먹거나 끓여 먹기 때문에 세균이 사멸되므로 문제가 없습니다.

그러나 약간은 사각지대에 있는 '게장'이 있습니다. 게장은 게를 끓이지 않습니다. 간장을 끓여서 붓고, 식히고, 다시 간장을 끓여 붓고, 식히는 과정을 반복하여 게장을 만듭니다. 그런데 문제는 갓 잡은 살아 있는 게입니다. 비브리오균은 염도가 높고 온도가 높은 바다에서 증식하므로, 산 채로 간장에 담그는 것으로는 절대 온전한 살균 효과를 기대할 수 없습니다. 따라서 냉동(저온)하여 번식을 막고, 염도가 낮은 수돗물(민물)에 세척하고, 레몬 혹은 식초(산성)를 사용하여 살균하여야 합니다.

민물에 사는 게에 있을 수 있는 디스토마는 염도가 높은 간장에 보름 정도면 사멸하므로 게살에 간장이 완전히 배어들도록 숙성해야 합니다. 염장을 통해 충분히 숙성되면 균이 사멸될 수 있긴 하지만, 막 담은 게장에는 균이 여전히 살아 있을 가능성이 큽니다. 그리고 처음에 세척을 충분히 하지 않았다면 이 역시 다양한 균을 같이 먹게 될 가능성을 높이는 일입니다. 시장에서 즉석으로 담았으니 세척이 제대로 되었을 리 없습니다.

민물게장의 경우 디스토마의 위험도 있지만 3일 정도 간장에 잠겨 있으면 사멸합니다. 하지만 바다의 비브리오균은 원래 바다에서 살던 녀석이라 간장에 잠긴다고 쉽게 죽지 않습니다. 건강한 성인의 장은 이 정도로 미량의 세균에 장악당할 가능성이 크지 않습니다. 웬만하면 극복해버립니다. 하지만 임산부와 태아의 경우에는 그렇지 않습니다. 두 번, 세 번

조심해도 부족합니다.

무심코 먹은 날것의 해산물을 통해 엄마의 몸에 들어온 세균들이 임신 전과는 달라진 산모의 장에서 어떤 일을 일으킬지 장담할 수 있을까요? 장에서 증식이 시작되면 항생제를 먹을 수도 없을 뿐 아니라 아기에게 전달될 가능성을 배제할 수 없습니다. 임신 중 날 음식은 잠시 참아야 합니다. 충분히 가열하지 않은 게장 역시 산모가 매우 주의해야 할 음식입니다[22).

22) https://www.sciencedirect.com/science/article/abs/pii/S004484862033951X
https://namu.wiki/w/%EA%B0%84%EC%9E%A5%EA%B2%8C%EC%9E%A5

Prebiotics, Probiotics, Postbiotics

가끔 시골 마을을 둘러보다 보면 마당을 온통 하얀 시멘트로 포장한 시골집이 있습니다. 양평에 처음 전원주택을 지을 때 지역 토박이 사장님이 그런 충고도 해주셨습니다. 잔디밭을 크게 하면 관리하기가 너무 힘들 거라고…. 잡초에 질린 시골 영감님들은 오래된 시골집을 개축할 때 마당을 모두 시멘트로 발라버리곤 한답니다. 낭만이라곤 단 1도 없는 시골 노인이라고 비웃을지 몰라도 막상 살아보면 그 마음이 이해가 됩니다.

처음에는 아무것도 없는 빈 땅이었는데 봄이 지나 초여름이 되면 파릇파릇 싹들이 올라옵니다. 맨 처음 척박한 땅을 뚫고 올라오는 쑥 그리고 곧이어 민들레, 바랭이, 망초, 쇠뜨기 등 이름만 들어도 지긋지긋한 잡초들입니다. 이 중에 쑥, 민들레, 망초 같은 풀들은 나물로 먹을 수도 있습니다.

이들도 새싹일 때는 나름 앙증맞고 이쁜 이파리를 보여줍니다. 하지만 잠시 방심하면 어느새 쑥 자라서 올라온 만큼 뿌리 역시 잔디 뿌리 사이를 파고들어 잔디밭을 잠식합니다. 큰맘 먹고 잔디를 그것도 카펫 같은 뗏장을 사다 깔아 덮어도 몇 달 지나면 그 틈을 뚫고 잡초들이 올라옵니다. 뿌리끼리 얽힌 잡초를 잘 제거하는 건 너무 어렵습니다.

마이크로바이옴의 세상에서 유해균이 바로 이 잡초 같은 놈들입니다.

절대로 완벽하게 제거되지 않습니다. 인공적으로 키우는 잔디밭과는 달리 완벽하게 제거되는 것이 더 유익하다는 증거도 없습니다. 장은 관상용이 아니므로 자연 생태계를 유지하도록 다양한 균들이 어울려 살도록 두는 게 더 좋습니다. 다만, 유해균이 너무 많이 성장하지 않도록 제어해주는 것이 중요합니다. 유익균과 유해균의 정의는 인간에 이로우면 유익균이고 해로우면 유해균으로 정의하지만, 모든 경우에 완전하게 정의되지 않습니다. 심지어 유산균 과잉으로 인한 패혈증 사례가 있는 걸 보면 유산균 역시 과유불급입니다.

유해균은 원래 인간을 해롭게 하기 위해 생겨난 게 아니며 저가 살던 대로 살다 보니 인간에게 해롭게 된 그런 균들입니다. 퓨조균 같은 게 그렇죠. 어패류에서는 같이 잘 사는 공생균인데 사람의 몸에서는 말썽을 피웁니다. 반대로 유익균 역시 그러합니다. 저 살던 대로 살다 보니 그게 마침 인간에 유익한 작용을 한 균들입니다. 오랫동안 인간과 세균은 이 공생의 균형을 이루어왔습니다. 그 자연의 질서에 맞추어 사는 게 가장 건강하게 사는 법인 것 같습니다.

잡초 하나 없는 완벽한 잔디밭을 가꾸기 위해서는 정말 커다란 노력이 필요합니다. 사실상 불가능합니다. 아무리 가꾸어도 잡초를 뽑아도 계속 올라옵니다. 유해균 역시 그러합니다. 완벽하게 제거되지 않습니다. 잡초가 싫어서 시멘트로 발라버린 저 시골집은 더운 여름날 대청마루에 앉아 있을 수 없을 만큼 마당이 뜨겁습니다. 잔디가 싫다면 사시사철 꽃을 피우는 나무와 들꽃을 가꾸는 전원생활도 좋지 않을까요? 우리 장을 잔디밭처럼 완벽하게 깔끔하게 만들려고 애쓰지 말고 건강하게 만드는 방법을 찾아봅시다.

뽀빠이와 시금치

파파이스(Popeyes)는 한때 치킨계를 주름잡았던 KFC와 쌍벽을 이룬 프라이드치킨 가게입니다. 지금은 한국의 치킨이 전 세계를 주름잡고 있지만, 우리 젊은 시절에 파파이스는 고급스러운 치킨의 대명사이었던 적이 있습니다. KFC도 맛있었지만, 개인적으로 파파이스를 참 좋아했습니다. 이후 한국 사람의 놀라운 창의력이 만든 수없이 다양한 맛의 치킨은 KFC와 파파이스를 능가하여 마침내 한국 치킨이 세계적인 수준이 되었습니다.

참, 근데 이번에 다뤄보고자 하는 주제는 치킨이 아닙니다. 사실은 파파이스란 이름이 우리말로 '뽀빠이'가 된다는 걸 아시는지? 1919년 처음 나온 이 만화는 건강한 식품을 찾다가 우연히 시금치의 영양성분표를 잘못 보고 정했다는 에피소드가 있습니다. 뽀빠이는 시금치 통조림을 먹고 헐크 같은 힘이 솟아나 올리브를 괴롭히는 브루터스를 무찌르곤 했습니다.

사실 육식을 위주로 하는 미국에서 시금치 통조림을 만화로 홍보하게 된 이유는 따로 있습니다. 바로, 산업 혁명 이후 육식으로 인한 비만을 억제하기 위해 애들이라도 채식을 먹게 하려고 만든 만화라는, 나름대로 근거 있는 이야기를 본 적이 있습니다. 그러나 아이러니하게 그 이름을 사용하는 프랜차이즈는 시금치와 전혀 무관한 기름에 튀긴 치킨을 팔고 있습니다.

만화의 작가는 시금치에 철분이 많은 것으로 알고 건강식품으로 시금치를 찍었지만, 사실상 시금치는 완전한 건강식품이 아닙니다. 시금치에는 옥살산이 다량 포함되어 있습니다. 옥살산은 시금치, 케일 등 잎채소와 견과류, 과일 등 식물성 식품에 함유되어 있으며, 과잉 섭취를 하거나 자가 면역 질환이 있는 사람에게는 치명적일 수 있는 식물 독소입니다. 식물들도 동물과 마찬가지로 포식자에게 먹히길 원치 않기 때문에 적을 공격하기 위한 일종의 화학 무기를 가지고 있는데요. 그중 하나가 옥살산(Oxalic Acid) 또는 옥살산염(Oxalates)라고 불리는 물질입니다.

옥살산은 식물에서 발견되는 유기화합물로, 몸속에 들어가면 자석처럼 칼슘, 칼륨, 나트륨, 마그네슘과 같은 미네랄을 끌어당겨 결합합니다. 이렇게 결합한 화합물을 옥산살염이라고 부르는데요, 옥살산과 칼슘이 결합하면 옥살산칼슘, 나트륨과 결합하면 옥살산나트륨이라는 옥살산염이 됩니다. 옥살산과 미네랄의 결합은 주로 장에서 일어나지만, 신장이나 요로에서도 발생할 수 있습니다. 신장결석의 80%는 옥살산칼슘으로 이루어져 있다고 하는데요. 혈액에 옥살산이 많아지면 신장으로 가게 되고 수용성 옥살산염은 주로 소변을 통해 배출되므로 신장을 역할이 중요해집니다.

≡ 옥살산이 많은 채소류

채소: 완두콩, 시금치, 케일(어두운 녹색을 띠는 잎채소들), 고구마, 감자(감자칩 포함), 파슬리, 죽순, 양상추, 비트, 오크라, 근대

과일: 키위, 덜 익은 바나나, 베리류, 오렌지, 스타프루트, 살구, 무화과

견과류: 캐슈너트, 아몬드, 땅콩, 헤이즐넛

기타: 검은 후추, 홍차, 녹차, 코코아파우더, 초콜릿

시금치가 이렇게 위험한 음식이란 걸 누가 알았을까요? 건강한 일반인이 적당히 먹는 건 큰 문제가 되지 않지만, 시금치를 비롯한 채식이 몸에 좋다고 채식만 고집하지 말라는 교훈을 줍니다.

인제 본론으로 들어가 볼까요? '도대체 이거랑 장내 미생물이 무슨 상관이지?' 하고 생각하실 수 있습니다만, 상관이 있습니다. 옥살로박터(Oxalobacter) 탄소원으로 옥살산염만을 사용하는 공생 혐기성 미생물인 **옥살로박터 포르미제네스**(Oxalobacter formigenes)가 있습니다. 이 균이 존재하는 경우 옥살산염 배설을 줄이는 데 지속해서 효과적이라는 것이 확인되었습니다. 옥살산염 항상성에 기여하는 이들 박테리아의 잠재적인 역할은 이 옥살산염 분해하는 기능이 있습니다. 또한, 비피도박테리움 중

B. Animalis 역시 옥살산을 줄이는 데 기여한다고 합니다[23].

그동안 분석한 수천 건의 분석 데이터를 보면 한국 사람의 대략 40% 정도에만 이 균이 존재합니다. 다시 말해서 60%는 시금치만 먹고 살면 부처님처럼 몸에 사리가 쌓일지도 모릅니다. 같은 음식을 먹어도 누군 결석이 생기고 또 누구는 안 생기는 이유가 장내 미생물 때문일지도 모릅니다. 안타깝게도 저 역시 이 균이 존재하지 않기 때문에, 제게는 시금치보다 치킨이 더 유익하다는 억지스러운 결론이 도출됩니다. 채식만 한다고 건강해질 거라고 믿는 분이 있다면 장내 미생물 검사 한 번 정도는 해보시는 게 어떨까 합니다.

---

23) https://www.ncbi.nlm.nih.gov/pmc/articles/PMC5300851/

뚱보의 변명

"도대체 얼마나 먹었기에 저 모양이 된 거야?"

미국 공항에서 처음 마주친 검은 피부의 공무원은 정말로 덩치가 컸습니다. 그녀의 데스크에는 먹다 만 빵이 보였으며 콜라도 보였습니다. LA 시내에서 마주한 미국 사람들은 정말 상상했던 것보다 덩치들이 어마어마합니다. 정말 잘 먹나 보다 싶었습니다. 식당에서 그들의 식사를 보면 왜 그런지 너무 잘 이해가 됩니다. 하지만 한 일주일 정도 지내다 보면 그 양이 그리 많게만 느껴지지도 않습니다. 그들의 햄버거와 스테이크는 아직도 군침이 돌게 할 만큼 맛있었습니다. 그 일주일 만에 내 턱은 어느새 두 개가 되었습니다.

인간은 이성을 가진 동물입니다. 다시 말해서 이성을 뺀 인간은 짐승이 됩니다. 그리고 인간의 대부분은 배고플 때는 음식 앞에서 이성을 살짝 잃어버립니다. 요약하자면 허기진 인간은 음식 앞에서 짐승이 된다는 것입니다. 게다가 정말 음식을 맛있게 예술적으로 만드는 셰프들의 쿡방과 때깔 좋은 음식 사진 그리고 대리 만족을 위해 보던 먹방은 밤 10시에 나도 모르게 라면을 끓이게 만듭니다. 정말 날씬하기 어려운 시대입니다.

인간의 기본적인 욕구를 구분하는 여러 단계가 있습니다. 생리적인 욕구(식욕, 성욕, 수면욕, 배설욕), 안전에 대한 욕구, 애정에 대한 욕구, 명예에 대한 욕구 그리고 자존감에 대한 욕구로 그 단계를 구분합니다. 이 중, 가장 원초적이면서도 기본적인 욕구가 바로 '식욕'입니다. 인간은 살기 위해서도 먹고, 먹기 위해서도 먹습니다. 기본적인 욕망과 맛있는 음식을 먹은 경험치는 인간을 더욱더 나약하게 만들어 한밤중에 냉장고를 열게 만듭니다. 식욕보다 더 높은 단계의 욕망 중 동물은 가지지 못한 자존감에 대한 욕망은 냉장고를 열까 말까 망설이게 하는 자제력을 만들어줍니다.

그런데 그 자제력을 무너뜨리는 방아쇠 역할을 하는 장내 미생물이 있을 수 있다는 연구가 있습니다. 이 실험은 오로지 생존하기 위해 먹는 욕구만이 존재하는 초파리, 쥐 등을 통하여 장내 미생물의 분포에 따라 먹

이에 대한 집착이 달라진다는 연구입니다. 주로 프로바이오틱스를 섭취시키는 방법으로 실험한 결과, 불안한 무균 쥐에게 유산균(락토바실러스)를 먹이면 단쇄지방산의 생성으로 중추신경계에 영향을 주어 불안한 행동이 감소하며, 스트레스로 인한 코르티코스테론 호르몬이 감소하는 현상을 확인하였습니다.

또한, 장 신경계에는 음식을 먹고 싶어 하는 욕망을 자극하는 미주 신경의 작용이 있으며 이때 장내 미생물의 대사산물이 그 역할을 한다는 연구 내용도 있습니다. 식단에 프로바이오틱스[24]를 추가하면 음식 섭취량이 감소하는 경향이 있으며, 이는 장 다양성이 증가하면 섭식 행동에 대한 미생물 제어가 제한될 수 있다는 가설과 일치합니다. 일부 **락토바실러스** 프로바이오틱스는 지방량을 줄이고 인슐린 감수성 및 포도당 내성을 개선하는 것으로 보고되었지만, 이러한 효과가 모든 **락토바실러스** 종에 대해 보편적으로 보고된 것은 아닙니다.

유산균을 제조하여 파는 사업자의 시각에서 '살 빠지는 유산균'은 아주 매력적인 광고 문구입니다. 하지만 진실은 미주신경의 제어이고 비만의 최대 적은 '경험'과 '욕망'입니다. 오로지 먹는 욕구만 존재하는 초파리와 인간은 엄연히 다릅니다. 인간은 초파리와 비교할 수 없을 만큼의 다양한 욕망과 경험치가 존재하며 먹는 쾌락의 경험치는 감히 장내 미생물 따위가 조절할 수 있는 단계를 훨씬 넘어서 있습니다.

'유산균을 먹었으니 살이 빠지겠지?' 하고 유산균을 두 배로 먹고 밥도 실컷 먹으면 살이 더 찝니다. 그러고 살 빠지는 유산균은 사기라고 욕하겠죠? 그런 분께는 조용히 중학교 과학책을 전해드리겠습니다. '질량 보존의 법칙'을 다시 보시라고…. 먹은 만큼 찌는 법입니다. 대신 식욕을 제

---

24) 섭취 가능한 유익한 미생물

어하기 어렵다면 운동을 하라는 충고를 해드릴 수밖에 없습니다.

자존감을 지키고자 하는 욕구가 너무 강한 아가씨가 살을 빼기 위해 혹독한 다이어트를 하는 경우, 날씬한 몸매로 자존감은 지킬지는 몰라도 건강을 잃기 딱 좋습니다. 먹을 거 먹고 열심히 땀 흘리는 게 너무나 당연하고 평범한 건강 비결이며, 유산균은 그저 거들뿐입니다. 장 건강을 유지하기 위한 용도라면 비싼 영양제보다는 유산균이 더 나을 것은 분명합니다. 하지만 살 빼는 약으로 오해하지 마세요. 도움은 되지만 본인의 의지가 더 중요한 법입니다. 유산균을 먹어도 식욕이 여전히 넘쳐난다면 당신은 초파리보다 훨씬 다양한 욕망을 가진 고등한 생명체임을 증명하는 셈입니다[25].

25) https://www.ncbi.nlm.nih.gov/pmc/articles/PMC4270213/

균형

한때 스쿠버다이빙을 했습니다. 교육도 받고, 슈트도 사고 결국 자격증을 땄죠. 'Open Water License' 수면 아래 30m까지 '산소통'을 메고 들어갈 수 있는 자격증입니다. 동물의 왕국에서 열대 바다의 멋진 광경을 직접 보고야 말겠다는 의지로, 심한 근시도 이겨내고 자격증까지 따고 첫

입수까지 일사천리로 했지만 두 가지 교훈을 깨달았습니다. 동해는 별로 볼 게 없습니다. 바위와 모래뿐입니다. 아무것도 보이지 않았습니다. 그리고 라식수술을 해야 했습니다. 그나마 뭔가 지나가는데 4.5 디옵터의 시력으로 볼 수 있는 건 산소통의 남은 공기의 양뿐입니다.

"강사님! 이 산소통은 얼마나 버틸 수 있나요?" 강사가 아는 척을 합니다. "공기통이죠!!" 맞습니다. 사실 산소통이 아닙니다. 만일 산소만 든 통을 메고 들어가면 …. 죽습니다. 산소통이 아닌 공기통을 메야 하며, 공기통에서 산소의 비율은 21%여야 합니다. 생명을 유지하기 위해서는 이 비율이 매우 중요합니다. 저도 그 정도는 아는데 그걸 굳이 지적해서 면박을 주네요….

공기 중 산소와 질소의 농도는 21%와 78%가 정상적인 상태입니다. 산소가 넘치면 헤모글로빈이 산소 포화 상태를 유지하기 때문에 이산화탄소를 배출하지 못하여 혈액이 산성화되는 산소 중독이 발생하여 생명이 위험해집니다. 반대로 산소 농도가 17% 이하가 되면 두통이 시작되고, 12% 이하에서 의식을 잃으며, 7% 이하면 사망에 이릅니다.

비가 많이 오는 날 강이나 바닷물은 약간 싱거워집니다. 그리고 적도와 극지방의 바닷물의 농도는 약간 다르지만 3.1~3.8% 사이에 있습니다. 이 범위를 벗어나게 되면 그 영역의 물고기는 살아남기 어렵습니다. 비가 그치고 햇빛이 비추면 물이 증발하여 다시 바다의 염도는 올라갑니다. 자연에는 질서들이 존재합니다. 이 질서들은 정적인 질서가 아닌 동적인 질서입니다. 지구의 수많은 동물은 산소를 소비하고 더 많은 식물이 이산화탄소를 다시 산소로 돌려놓은 동적 평형 상태를 유지하고 있습니다. 자연의 파괴와 더 많은 에너지의 소비는 이 동적 평형을 깨뜨리고 지구를 아프게 합니다.

이보다는 덜 엄격하지만, 생물의 생태계 역시 정규화되어 있는 질서들도 존재합니다. 아마존의 숲의 생태계에서 가장 개체 수가 많은 동물은 모기입니다. 그런데 만일 이 백해무익한 모기를 다 없애면 어찌 될까요? 모기 유충을 먹고 사는 물고기의 먹이가 줄어들어 물고기 개체 수가 줄 테고, 물고기 개체 수가 줄어들면 물고기를 먹고 사는 새들이 줄 것이며, 새들이 먹고 사는 벌레가 더 많아질 것입니다. 해충이 퍼트리는 또 다른 질병이 동물들에게 퍼질 것이며, 심지어는 가축에까지 영향을 주고, 그 여파는 결국 인간에게까지 도달할 것입니다.

자연의 모든 생태계는 나름의 질서를 지켜가고 있어야 합니다. 동적 평형 상태를 유지하고 있습니다. 그래야 문제가 안 생깁니다. 사람의 몸에도 이런 생태계가 존재하고 이 생태계 역시 동적 평형 상태가 유지되어야 합니다. 수십조의 장내 미생물은 우리도 모르게 저들끼리 생태계를 만들어 유지되고 있습니다. 인간이 지구에 허락받지 않고 우리 맘대로 사는 거나 같은 이치입니다.

음식을 먹으면 그 음식에 영양분을 탐내는 박테리아들이 달려들어 먹고, 증식합니다. 먹는 음식의 종류에 따라, 혹은 숙주의 상태에 따라 체내 장내 미생물들은 지속해서 변화하고 마침내 숙주마다 조금씩 다른 동적 평형을 이루게 됩니다. 수치적인 정확한 규정이 있지 않지만, 분명히 사람마다 가지는 최적의 동적 평형 상태는 존재합니다. 하지만 여러 이유로 장내 미생물의 동적 평형이 깨어진 상태를 장내 세균 불균형(Dysbiosis)이라고 부릅니다.

항생제를 먹고 설사하는 경우, 장염으로 설사를 하는 경우에 장내 미생물의 분포는 정상적인 상태로 유지될 수 없습니다. 그 밖에도 인간은 수만 년간 꾸준히 조금씩 적응하면서 변화해온 식습관이 근대에 이르러 급격하게 변화하면서 이 동적 평형이 심하게 깨지고 있습니다.

주위에 장이 좋지 않다고 느끼는 사람들이 참 많습니다. 당장 죽을병에 걸리지는 않지만, 장의 건강은 삶의 질에 큰 역할을 합니다. 히포크라테스는 "장은 모든 병의 근원"이라 했습니다. 장이 튼튼하면 병에 걸리지 않는데 현대인은 장이 약한 대신 의료 기술이 발달해서 가늘고 길게 사는 방법을 터득해버렸습니다. 이왕이면 장이 튼튼하게 오래 사는 게 제일 좋겠습니다. 그래서 우리는 적정한 최적의 상태(Golden State)를 찾는 노력을 하고 있습니다. 건강할 때 내 장의 상태를 미리 확인하고, 아플 때 변화를 확인하면 원인이든 결과이든 장의 변화를 명확하게 알 수 있습니다.

당뇨병이 걸리는 사람들이 병이 생기기 전의 장내 미생물 분포와 식생활의 최대공약수가 무엇인지 알아내고, IBS/IBD 환자의 장내 미생물에 공통점이 있는지, 감기에 잘 걸리지 않는 사람들이 공통으로 가지는 장내 미생물의 종류가 무엇인지를 알아내고 싶습니다. 아토피 환자에게 장 미생물에 차이가 있는지, 정신과적인 호르몬 분비에 영향을 주는 다양한 미생물들은 제각각 어느 정도의 영향을 주고 있는 건지 또는 사람마다 최적의 음식이 무엇인지 알게 해주고, 어떤 음식이 적절하지 않은지 찾아주고 싶습니다. 그리고 만일 장이 노화와 관련이 크다면 어쩌면 노화를 막을 수 있는 균을 찾을 수 있을지도 모릅니다. 만일 있다면….

두 얼굴의 콩

1993년 대기업의 입사 교육을 받았습니다. 여러 과정이 있었지만, 팀을 이루어 전국 각지의 대리점을 방문하는 프로그램이 있었는데, 생전 처음 가본 강원도 진부에서 우연히 된장찌개와 산채를 파는 식당을 만났습니다. 숱하게도 된장찌개를 먹어보았지만 이렇게 맛있는 된장찌개는 처음이었습니다. 어머니한테 좀 미안했지만, 그동안 먹어본 집된장과는 너무 다른 맛이라 그날 이후 그 맛을 잊을 수가 없었습니다. 그 이후 휴가철마다 근처를 지날 때 그 집에 다시 들러 여전히 한 가지만 파는 산채정식과 된장찌개를 꼭 먹었습니다.

한동안 강원도에 가지 않았던 몇 년 후 어느 날, TV에 그 집에 소개되었습니다. 그리고 다음 해에 찾은 그 집은 예전의 그 집이 아닌 듯했습니다. 한적한 시골 식당에 무슨 차가 이리 많은지 사람이 바글바글했습니다. 그리고 된장 맛도 예전의 그 맛이 아닙니다.

한국을 비롯한 동양 3국의 대표적인 건강식품 중 교집합을 갖는 식품이 콩을 발효한 식품입니다. 일본의 낫토와 미소, 한국의 청국장과 된장은 모두 콩을 발효하여 만든 건강식품입니다. 중국의 춘장 또한 밀가루와 콩을 발효시킨 음식이긴 하지만, 콩보단 밀가루가 많아서 콩 요리라고 하기엔 다소 부족함이 있습니다. 콩은 좋은 식품이긴 하지만 의외로 해로운 성분도 가지고 있습니다.

콩에는 렉틴이라고 하는 독소가 존재합니다. 글루텐과 같은 단백질이며 식물이 자기를 보호하기 위해 생성하는 독소라고 합니다. 콩 역시 시금치의 경우와 같이 과잉 섭취하면 이롭지 않습니다. 렉틴이 아니더라도 콩을 과잉으로 섭취할 경우 사람에 따라서 호르몬 분비에 이상이 생길 수 있다는 연구도 있습니다. 그런데도 한국인은 된장, 청국장을 건강식품으로 매우 신뢰하고 있으며 일본에서도 낫토는 건강식품의 대명사입니다.

렉틴이 제거된 콩 요리는 해로움이 훨씬 줄어듭니다. 렉틴을 제거하거

나 감소시킬 방법은 요리법에 있습니다. 강한 열과 압력으로 찌거나 삶으면 렉틴이 파괴되며, 발효 과정에서도 파괴되기 때문에 콩을 찌고 발효시킨 된장은 그래서 이롭습니다. 낫토를 만드는 낫토균은 1900년대 초 일본의 학자가 발견하였습니다. 낫토균을 삶은 대두에 접종하면 실처럼 길게 늘어지는 점액질에 들어 있는 나토키나제를 생성하고 혈전이 발생하는 것을 예방하는 기능이 있습니다. 낫토는 나토키나제 이외에도 비타민 B군과 K군 그리고 다량의 항산화 효소를 함유하고 있습니다.

청국장과 된장은 고초균(바실러스 서브틸러스) 이 콩을 발효시키는 방법으로 만듭니다. 이 고초균은 자연계에 존재하며 주로 짚에서 기인하고 있다고 합니다. 메주를 짚에다 매달은 이유가 여기에 있습니다. 플라스틱으로 만든 줄에다 매달아도 발효가 되는 건 공기 중에도 이 균이 존재하며 이외 여러 종류의 균이 복합적으로 작용한다는 의미입니다.

청국장과 된장의 결정적 차이는 발효 기간과 염분 함유량에 있습니다. 된장은 콩으로 메주를 띄워 염분 15% 정도의 소금물에 50일 정도 담급니다. 메주 속의 효소와 영양분이 우러난 장물은 간장이 되고, 소금물의 짠맛을 빨아들이고 많은 양의 효소와 영양분을 빼앗긴 건더기는 된장이 됩니다. 된장은 항아리에 담아 숙성시키는데 장기적으로 보관하기 위해 다시 소금이 첨가되기도 합니다.

이때, 염분은 유해균의 증식을 억제하는 효과가 있습니다. 한국의 된장과 대비되는 미소장은 사실 콩만으로 만든 게 아니라 쌀과 콩을 같이 발효시킨 제품이며, 낫토와 같이 허가된 균종만 사용할 수 있습니다. 한국장의 가장 큰 차별성은 일본처럼 특정한 균종을 따로 주입하는 정형화된 방식이 아닌, 자연계에 존재하는 바실러스 서브틸러스 균종이 자연스럽게 유입되고, 기타 곰팡이 등 다양한 미생물들의 복합적인 작용으로 발효된다는 특성이 있습니다. 따라서 집마다 환경에 따라 된장 맛이 달라집니다.

콩을 삶는 물에서부터 메주를 띄우는 공간의 환경도 중요합니다. 된장 맛집이 매주 메주를 띄우는 건넌방에는 아주 오래된 물건들이 참 많습니다. 방안의 아주 오래된 물건들에서 혹은 메주를 성형하는 나무틀에서 또는 추수하고 들판에 널브러져 있던 볏짚에서 그리고 메주를 일일이 손으로 치대는 할머니의 손과 몸에서 알 수 없는 그 집만의 균과 곰팡이가 메주에 접종되어 복합적인 발효를 통해 그 집만의 맛이 만들어집니다. 강원도 진부의 그 집은 예전 방식으로 메주를 띄우고 장을 담글 수 없을 만큼 수요가 증가하였기 때문에, 예전과 같은 된장이 더는 만들어지지 않을 겁니다.

맛은 그렇다고 치더라도 여러 된장의 건강상의 이점을 보자면, 발효된 콩을 섭취하면 단백질의 영양분을 힘들이지 않고 손쉽게 우리 몸의 자양분으로 만들 수 있습니다. 여기에다 뇌졸중과 심혈관 질환 예방에도 도움을 준다고 하니 한 마디로 '꿩 먹고 알 먹는' 식품이라고 할 수 있습니다. 다양한 콩 발효 식품의 공통점은 바실러스, 낫토균이 증식하면서 치료제와 같은 역할을 하는 생리활성물질을 만들어내고 이들 생리활성물질은 항암·항균, 소화정장, 골다공증 예방, 노화 및 비만 방지, 뇌경색과 심근경색의 원인인 혈전(血栓) 용해 등의 기능이 있습니다.

청국장이든, 낫토든 먹고 나서 속이 편하다고 합니다. 콩의 단백질은 고분자 물질이며 단백질을 소화 시키는 소화액이 콩의 단백질을 아미노산 등으로 분해하느라 많은 애를 써야 합니다. 된장류는 발효균이 열심히 미리 단백질은 아미노산으로 분해 작업을 해놓았기에 우리는 속 편안히 콩의 영양소를 고스란히 섭취할 수 있게 되었습니다. 그런데 장내 미생물 검사를 통해 확인해보면 한국인의 된장균인 바실러스 서브틸러스는 의외로 많이 검출되지 않습니다. 곰곰이 이유를 생각해보니 주로 된장을 먹을 때 가열해서 먹기 때문인 듯합니다. 하지만 된장의 혜택은 여러 성분이 장내 미생물의 훌륭한 먹이가 되며 유익균의 증식에 도움이 된다는 것입니다.

연구에 따르면 쥐한테 된장을 먹이면 비피더스균의 수를 유의하게 증가합니다. 또한, 유해균인 장내세균과(Enterobacteriaceae)의 수를 감소시킨다고 합니다. 된장을 먹은 쥐는 **후벽균**(Firmicutes)이 감소하고 **의간균류**(Bacteroidetes)가 증가하는 추세를 보였습니다. 또한, 지방대사균인 루미노코카세(Ruminococcaceae)와 장 염증균인 라크노스피라과(Lachnospiraceae)의 수는 유의하게 감소한 반면, 단백질을 소화시키는 **담즙산**(Bile Acid)**을 스스로 생성하는 오도리박터**(Odoribacter)**의 수가 증가하였습니다. 특히 오도리박터는 장수 마을에서 가장 많이 발견되는 균으로서, 노화로 인해 감소하는 단백질 소화액인 담즙산의 감소를 대체해주는 좋은 균으로 알려져 있습니다.**

과유불급이긴 하지만 여러 콩 발효 식품이 긍정적인 효과가 부정적인 영향보다는 훨씬 큰 건 사실인 것 같습니다. 진부의 된장 맛집이 아니더라도 여러 가지 콩 발효 식품은 동양인에게 중요한 식품임에 틀림이 없습니다[26].

---

26) https://www.ncbi.nlm.nih.gov/pmc/articles/PMC3901390/

유산균의 생애

언제인지 알 수 없지만 '락토스(락토바실러스)'는 어두컴컴하고 공기가 거의 없는 이곳에 꽤 오래 살고 있습니다. 그전에는 흰색 바다에서 아주 많은 친구와 살고 있었는데, 순식간에 누군가의 입속으로 순식간에 쏟아져 들어 왔습니다.

락토스 무리는 식도를 거쳐 큰 웅덩이에 떨어졌습니다. 위장 웅덩이에는 이런저런 음식물이 짓이겨져 있었습니다. 웅덩이에 빠진 친구들이 순식간에 염산에 죽어 나갑니다. 수백 수천 마리의 친구들이 순식간에 목숨을 잃었습니다. 하지만 락토스는 용케 살아남았습니다. 살아남은 친구들과 음식 찌꺼기에 휩쓸려 소장으로 넘어간 락토스는 이러다 죽을 것 같아 힘들게 가장자리로 비켜 장벽에 자리를 잡았습니다. 장벽에는 다른 녀석(유해균)들이 먼저 자리를 잡고 있었지만, 락토스와 그 무리는 다행히 자리를 잡았습니다.

하얀 바다에서 양껏 음식을 먹고 힘을 비축한 락토스 무리는 먼저 살던 놈들이 시비를 걸었지만, 시간이 좀 지나 원래 있던 무리가 자기 자리를 포기하고 떠나갔습니다. 락토스 무리가 뱉어내는 배설물에 진저리를 치면서 떠나고 락토스 무리는 그 지역에서 가장 강한 세력이 되었습니다. 먼저 있던 녀석들은 장벽을 파먹으면서 지가 사는 이곳을 파괴하고 있던 나쁜 놈들이었습니다. 락토스 무리가 자리를 잡으면서 장벽은 점점 원래 건강했던 예전으로 돌아가고 있습니다.

어린 시절, 야쿠르트 아줌마는 작은 수레를 끌고 다니면서 야쿠르트를 팔았습니다. 어쩌다 한 번씩 먹게 된 야쿠르트는 새콤달콤한 맛이 아이들한테는 그만이었습니다. 몇 모금 먹으면 바로 바닥을 보이는 적은 양 때문에 아껴 먹느라고 뒤쪽에 작은 구멍을 내어 조금씩 빨아먹곤 했습니다. 상업 야쿠르트의 시초는 최초로 장내 미생물의 존재를 밝혀낸 파스퇴르 연구소의 메치니코프 박사입니다.

메치니코프 박사는 불가리아 사람들이 먹는 시큼한 우유를 알게 되었으며 이 발효유에 원통형의 균이 다량 있음이 확인되었고 이 '야후르스'라고 불리는 발효유를 늘 먹는 불가리아 사람들이 100세 이상 장수하는 사례가 많음을 알게 되었습니다. 박사는 시큼한 맛을 내는 것이 균의 대사 물질이며 장내의 유해한 미생물을 억제하는 데 도움이 된다는 가설을 확립하게 되었습니다. 원통형의 균은 바로 락토바실러스, 즉 유산균입니다.

사실 알고 보면 발효유는 이미 다양한 나라에서 다양한 방법으로 만들어지고 있었습니다. 러시아 남동부 지역에서는 말의 젖을 이용하여 약간의 알코올이 포함된 **쿠미스**를 만들어 먹었고, 이집트에서는 물소와 젖소의 젖으로 젤리같이 생긴 **레벤**을 만들었습니다. 터키와 발칸반도 사람들은 **야구흐트** 혹은 **야워트**라고 불리는 현재 야쿠르트의 원조가 되는 발효유를 만들어 먹었습니다.

또한, 카프카스산의 양치기들은 양의 젖으로 발효한 **케피르**를 만들어 먹었습니다. 중동에서는 물에 요구르트를 섞어 소금을 첨가한 **아이란**을 마시기도 합니다. 이외에도 남아시아의 **라시·차스**, 서아시아에 **두그·라반·라브나·자미드**, 아이슬란드의 **스키르**, 인도네시아의 **다디아**, 중앙아시아의 **찰·타락·크므즈** 등 정말 다양한 종류의 발효유를 만들어 먹었습니다. 특히 유목민을 중심으로 발효유가 많이 만들어졌음을 알 수 있습니다.

메치니코프 박사는 이 미생물 유산균이 유당을 이용하여 젖산을 만들고, 젖산이 신맛을 내며 우유가 부패하지 않도록 한다는 이론을 만들었습니다. 실제로 부패균을 유산균과 같은 배지에 접종하면 부패균이 성장하지 못하고, 유산균이 없는 배지에서는 성장한다는 사실을 확인하여 유산균이 체외에서나 체내에서 유해균을 억제하는 효과가 있다는 것을 밝혀내었습니다.

이후에 이 유산균 음료는 일본으로 넘어가 야쿠르트란 이름으로 음료수가 되었으며 한국에 전달되었습니다. 메치니코프의 발견 이전에 19세기 의사들은 장을 채운 여러 미생물은 대부분이 유해한 균이며, 독소를 배출하기 때문에 가급적 제거하는 것이 좋으며, 여러 병증에 장을 소독하기 위한 방법으로 숯, 아이오딘, 수은 등을 처방하기도 했다고 합니다.

메치니코프는 이때 발견한 유산균 종을 이용해 다양한 발효유 사업에 관여하였으며 19세기 말부터 유럽에서는 유산균 음료 혹은 발효유 제품이 선풍적인 인기를 끌게 되었다고 합니다. 이 발효유가 일본에 들어와 우유 대신 지방을 뺀 탈지분유와 설탕물에 유산균을 배양하여 새콤달콤한 야쿠르트가 되었습니다. 주로 '락토바실러스 카제이'를 사용하고 있으며 병당 100억 마리 이상의 균이 존재합니다. 우유를 비롯한 동물의 젖을 먹는 대부분의 나라에서는 고유의 발효유가 존재합니다. 한국의 된장과 마찬가지로 고유한 종의 유산균이 다르고 배지나 발효 환경이 달라 제각기 다른 맛과 형상이 만들어집니다.

한때 유산균은 유해균을 억제하는 기능을 과장하여 여성 질염을 치료하거나, 사창가에서 소독약을 대신하기도 했으며 비염을 치료하기 위한 목적으로 코의 점막에 야쿠르트를 뿌리는 민간요법도 시도되었다고 합니다. 균을 이용하여 균을 제어하는 건강요법은 일종의 '이이제이(以夷制夷)' 혹은 '이독제독(以毒制毒)'과도 같습니다. 오랑캐로 오랑캐를 제압한다거나, 독을 이용하여 독을 제어하는 개념입니다.

최근에 유산균을 주재료로 하는 프로바이오틱스는 유산균 음료의 진화된 건강식품입니다. 균을 정제하여, 균이 장까지 무사히 전달되도록 하고, 동시에 장에 유익한 물질까지 추가한 진보된 건강식품입니다. 유산균이 무작정 많다고 다 좋은 게 아닙니다. 균 수가 그리 중요하다면 야쿠르트를 그냥 많이 먹어도 됩니다. 하지만 야쿠르트의 유산균은 위장에서 위산에 거의 다 죽습니다. 너무 많이 들어가도 장에 정착하지 못하면 그냥 똥으로 나올 뿐입니다.

만일 장에 유산균만 살게 된다면 지나친 SCFA의 생성으로 간에 부담을 주어 지방간이 생기거나 심할 경우 패혈증까지도 유발될 수 있습니다. 적당한 게 제일 좋고, 몸에 좋은 프로바이오틱스는 사람마다 다 다릅니다. 유산균도 역시 적당한 게 제일 좋습니다. 그리고 이왕이면 자기 몸에 누가 먼저 살고 있는지 알고 가려 먹는 게 더 좋겠습니다[27].

27) https://www.ncbi.nlm.nih.gov/pmc/articles/PMC7689251/

뱀파이어균

호러 영화를 좋아하시나요? 하도 많은 좀비나 뱀파이어 영화가 나와서 이젠 좀 식상한데, 그래도 계속 만들어지는 걸 보면 제가 감이 좀 떨어지나 싶습니다. 처음엔 그냥 호러물로 보았지만, 지금은 무서운 장면만으로는 관객을 모을 수 없으니 더 잔혹한 장면을 연출하거나, 가족애 혹은 영웅을 주제로 삼는 영화로 진화하고 있는 것 같습니다. 게다가 나름 과학적인 근거까지 설명하려는 노력이 보여지고는 합니다. 조선 시대를 배경으로 하는 〈킹덤〉, 〈창궐〉을 비롯하여 제일 히트한 〈부산행〉에 이어 최근에는 고등학교를 배경으로 하는 〈지금 우리 학교는〉까지 좀비 영화도 나름 개성을 가지고 있습니다.

기본적으로 좀비 영화는 두려움이 영화의 주요한 주제입니다. 코로나를 겪은 인류가 공통으로 적이라고 인식하는 보이지 않는 바이러스에 대한 두려움이 이런 영화의 주제가 되곤 합니다. 예전 영화에서는 대부분 주인공이 문제를 해결했지만, 현실적인 요즘 영화는 속편을 만들려고 그런지 몰라도 절대 '해결' 혹은 '종결'을 이야기하지 않습니다. 좀비 영화의 과학적인 타당성이나 근거를 찾기엔 억지스러운 부분이 많겠지만, 기본적인 과학적인 가정은 바이러스에 감염된 좀비가 다른 좀비를 물면 감염되어 좀비가 되는 단순한 감염 구조입니다. 희한하게 이 바이러스는 물지 않으면 전염되지 않습니다.

좀비 영화 이전에 비슷한 맥락으로 뱀파이어 영화가 유행한 적이 있습니다. 사실상 물리면 감염되는 역학의 설정은 동일하지만, 뱀파이어 영화가 좀 더 멋을 부린 섹시한 설정이 많았던 것 같습니다. 톰 크루즈가 출연한 〈뱀파이어와의 인터뷰〉에서 흡혈귀가 너무 멋있게 나왔습니다.

이번 장의 서론은 좀비와 뱀파이어였는데요, 그 이유는 이번 장의 주제가 되는 박테리아의 이름 때문입니다. '뱀프리비브리오(Vampriovibrio)', 바로 뱀파이어와 비브리오의 합성어입니다. 이름만 들어도 무시무시한 균인 것 같습니다. **뱀프리비브리오** 또는 이와 유사종인 **브델로비브리오**(Bdellovibrio)는 포식성으로 인해 유해한 박테리아 개체군을 제어하는 데 사용할 수 있다고 합니다. 원래 **뱀프리비브리오는 바다에서 클로렐라를 연구하다가 발견했는데 이 녀석이 클로렐라의 표면에만 부착**되어 조류에 말초 액포를 생성하고 감염된 세포 내용물을 용해하여 섭취하는 현상을 확인하였습니다. 바닷가에 살면서 해조류를 먹다 보면 이런 균도 같이 먹게 될 확률이 높습니다. 흡혈귀가 피를 빨아 먹는 행위와 너무나 비슷하여 이 균의 이름에 뱀파이어가 들어가게 되었습니다.

후속 실험에서 과학자들이 의도적으로 살모넬라 엔테리카의 병원성 형태로 닭을 감염시킨 실험에서 맹장이나 장 감염에 매우 취약한 닭이 사용되었습니다. 그런 다음 닭을 유사종인 **브델로비브리오를 배양하여 닭에 주입한 결과 살모넬라 개체군이 감소하는 형상**을 확인합니다. 닭 맹장의 염증이 감소하면서 기타 변화가 관찰되었습니다. 과학자들은 이 균이 살모넬라를 감소시킨 것으로 확신을 가진 듯합니다[28]. 마치 뱀파이어가 희생자의 피를 빨아 먹는 것처럼 다른 균을 죽이는 포식성 균입니다. 다행

28) https://en.wikipedia.org/wiki/Vampirovibrio_chlorellavorus
https://www.ncbi.nlm.nih.gov/pmc/articles/PMC4178642/

히 이 균은 유해균을 죽이는 균이기에 망정이지 인간 세포에 붙어 세포액을 빨아대면 그야말로 진짜 좀비 영화가 현실화되는 셈입니다.

이쯤 되면 '뱀프리비브리오는 진짜 유익한 걸까?' 의문이 생깁니다. 닭에서는 효과가 있다는데 사람에게는 과연……. 사실 바닷가에 사는 사람들의 데이터를 보던 중 뱀프리비브리오가 많은 사람을 우연히 찾았고 이 균을 알아보게 되었는데, 지난 수천 건의 임상 데이터를 다시 뒤져보았습니다. 수천 명 중에서 이 균을 가진 사람들은 10% 남짓입니다. 대변에서 아주 적은 양이 검출되었기 때문에 장에서 얼마나 기능을 할지 알 수 없습니다. 분석 대상은 뱀프리비브리오와 살모넬라 혹은 시겔라(Shigella)와의 상관성입니다. 참고로 살모넬라와 시겔라는 대표적인 장 염증을 일으키는 유해균입니다.

이 균들관 관계를 단정적으로 확언할 수 없지만, 어느 정도 반비례의 관계성을 보여주고 있습니다. 뱀프리비브리오가 많은 사람은 살모넬라, 시겔라가 없거나 아주 적었습니다. 닭의 내장에서 그랬으니 사람에게도 적용이 되는 것 같습니다. 바닷가에 사는 사람이 해산물을 많이 먹어도 탈이 나지 않는 이유가 이런 균이 일찍 장에 자리를 잡았기 때문일 수도 있겠습니다.

양아치

양아치의 어원은 '동냥아치'입니다. 남한테 빌붙어 얻어먹는 거렁뱅이에 좀 더 경멸하는 의미를 더한 단어입니다. 실제로 그냥 얻어먹는 게 아닌, 약간의 협박이 더해진 동냥입니다. 학교 폭력을 다루는 영화에서나 조폭 영화에서 양아치들이 자주 나옵니다. 그런 애들도 약간의 폭력을 곁들인 동냥(?)을 하곤 하죠.

이런 양아치의 특징은 자신들의 권리엔 악착같으나 남의 권리는 자신을 위해선 가볍게 희생한다는 특징이 있습니다. 기본으로 역지사지에 대한 개념이 없고 자기밖에 모릅니다. "법보다 주먹이 빠르다."라는 강약약강 지론이 있어서 자기 주먹보다 센 사람에겐 굴복합니다. 동물의 세계에서는 가장 경멸받는 동물인 하이에나가 이런 양아치에 해당할 것 같습니다. 인간의 세계에서도 가장 혐오스러운 집단이 이런 양아치들인데 정작 자기들은 양아치라는 인식을 못 하고 폭력보다는 돈의 힘에 무릎을 꿇곤 합니다.

장내 미생물의 세계에서도 이런 양아치들이 있습니다. 큰 위해를 가하지도 않지만, 숙주의 약해지면 악독해지는 그런 양아치 균들입니다. 전문 용어로는 기회감염균(Opportunisitic Infections)이라고 부릅니다. 클렙시엘라(Klebsiella), 시트로박터(Citrobacter), 엔테로박터(Enterobacter), 프로테우스(Proteus), 수트렐라(Sutterella), 에쉬리키아(Escherichia) 정도가 자주 보이는 기회감염균입니다. 생활습관이 상당히 좋지 않아서, 건강이 썩 좋지 않은 경우에 괜히 몸이 안 좋다고 느끼시는 분들에게서 이 균들이 자주 등장합니다. 대부분 특별한 병증과 직접적인 연결이 없으니 질병이라고 '진단'을 할 수도 없고 그렇다고 좋다고 할 수도 없는, 그냥 "조심하세요." 라고 할 수밖에 없는 약간 어중간한 양아치 균들입니다.

이런 균들은 대개 따로 나타나지 않습니다. 숙주의 문제가 있거나 이벤트가 있을 때 무리 지어 나타납니다. 없던 게 갑자기 생기는 게 아니라, 조용히 장 속에 숨어 있다가 숙주가 약해지면 세력을 키우는 스타일입니다.

신생아의 장에는 아주 적은 양의 균이 일정하게 존재합니다. 저희가 측정한 수치로는 대략 성인 대비 1/200~1/300 수준으로 나타나고 있습니다. 장에 공생균과 유익균이 군락을 이루기 전이므로, 특이 균이 집중적으로 세력을 키우기 좋은 상황입니다. 그러니 이런 아기들은 기회감염균이 침투해서 장을 점령하기 딱 좋은 기회입니다. 이 중 시트로박터가 가장 자주 나타납니다. 특히 제왕 절개한 아기들에게서 더 자주 검출되는 균인데, 대부분은 특이 증상 없이 점차 감소하여 돌 이전에 정상 수준으로 떨어지곤 합니다. 제대로 관리가 되지 않은 경우 큰 문제가 되기도 합니다.

수년 전 모 병원의 신생아실에서 신생아의 패혈증을 일으킨 균이 바로 시트로박터균이었다고 하니 그냥 두고 볼 녀석이 아닌 양아치가 맞습니다. 하지만 그동안 검사한 수천 건 중에서 전체 70% 이상에서 이 균이 발견되고 있기 때문에 보편적인 균이며, 완전히 제거되기 어려운 장내 세균에 속합니다. 이 균은 평소에 조용히 지내다가 숙주가 약해질 때 양아치 짓을 하는 겁니다.

이외에도 신생아의 패혈증에 대표적인 균인 연쇄상구균(Streptococcus), 황색포도상구균(Staphylococcus Aureus) 등의 균이 원인이 된다고 알려져 있습니다. 이외 폐렴간균(Klebsiella) 역시 신생아에게서 자주 보이는 기회감염균입니다. 수트렐라 역시 여러 논문에서 장 염증과 관련이 있다는 연구는 많지만, 너무 보편적인 뚱보가 기진 양아치 균에 속합니다. 엔테로박터는 항생제를 먹고 설사하는 아이들에게서 흔히 나오는 항생제 내성을 가진 양아치 균입니다. 이런 균들이 장에 머물러 있을 때에는 별다른 문제가 없지만, 장벽에 약해진 틈을 타서 장벽을 침투해서 혈류에 세균이 유입되는 현상이 균혈증이며, 이 균이 염증 반응을 유발하는 경우가 패혈증이라고 하니 장벽이 취약한 신생아나 노인은 균혈증이 패혈증으로 변하기 쉬운 상태로 볼 수 있습니다[29].

장을 멸균할 수는 없으니 면역 형성이 되지 않은 아기를 완벽하게 보호하거나, 노화로 인해 장벽이 느슨해지는 노인의 건강을 잘 키워내는 게 참으로 힘든 일인 것 같습니다. 신생아를 돌보는 의사 선생님들을 보면서 참 얼마나 갑갑할까 그런 생각이 들었습니다. 아기가 아픈 원인을 누구보다 빨리 찾아서 해결해야 하는데 신이 아닌 이상, 몸에 들어가보지도 않고 한눈에 다 알아볼 사람은 드라마에서나 존재할 것 같습니다. 그러나 그렇게 하지 못하면 욕먹게 되는 그 고뇌가 공감됩니다.

장에서 존재감을 확 드러내는 병원성 균도 중요하지만, 숨어서 기회를 노리는 이런 균들이 얼마나 많이 잠재되어 있는지 궁금할 만합니다. 이 시점에 이러한 질문을 가지게 되실 수도 있습니다. “모르는 게 약이 되는 건가요? 이런 기회감염균을 제어할 방법이 있을까요?”

당연히 방법은 있습니다. 너무나 간단하지만 귀찮은 그런 방법, 바로 땀 흘려 운동하는 것입니다.

29) https://labtestsonline.kr/tests/bloodculture

식민지

식민지는 정치적 · 경제적으로 다른 나라에 예속되어 국가로서의 주권을 상실한 나라를 의미합니다. 경제적으로는 본국에 대한 원료 공급지, 상품 시장, 자본 수출지의 기능을 하며, 정치적으로는 자율성을 빼앗긴 종속국이 되며 본국의 약탈과 수탈의 대상이 됩니다. 알렉산더, 로마제국에 이어 대영제국, 스페인 함대 등은 식민 지배를 일삼은 제국주의를 대표하는 단어들입니다. 사실상 덩치만 크다 뿐이지 앞선 글에서 말했던 양아치와 하나도 다를 게 없습니다. 다른 민족의 아픔은 남의 문제일 뿐 자국의 이익만을 최우선으로 하는 제국주의, 즉 집단 이기심이 식민지를 만드는 주요한 원리입니다. 제국주의가 남의 나라를 침탈하는 과정을 식민지화(Colonize)라고 부릅니다. 역사는 승자의 기록이라 이런 약탈이 때론 '개척'으로 미화되기도 하지만 약탈은 약탈일 뿐….

마이크로바이옴을 공부하면서 많은 논문에서 자주 보는 단어가 'Colonize'입니다. 장내 미생물이 식민지를 만든다고? 이 단어를 선택한 과학자는 역사와 인본주의에 매우 정통한 분이 틀림이 없습니다. 인체에 유해한 균이 장을 점령하면서 하는 짓은 표면에 미생물막(Biofilm)을 형성합니다. 마치 식민지를 점령하고 군진을 구축하는 것과 같습니다.

미생물막(微生物膜, biofilm)은 **미생물**의 집합체로, 부착 표면에 **세포**들이

스스로 생산한 '세포 밖 **고분자** 물질(EPS)'의 망 내부에 조밀하게 끼워져 있는 상태를 말합니다. 미생물막 EPS는 세포 외부의 **유전자, 단백질, 다당류**로 이루어진 고분자 복합체입니다. 미생물막은 생물 또는 무생물의 표면에 형성될 수 있습니다. 무조건 나쁜 것만은 아니고 미생물보다 더 똑똑한 인류는 이 성질을 잘 이용해서 산업 시설이나 병원 등 환경공학적으로 다양하게 응용하기도 합니다.

미생물들은 여러 요소에 반응하여 미생물막을 형성하는데, 생물막 박테리아는 영양분을 공유할 수 있으며 건조, 항생제 및 숙주 신체의 면역체계와 같은 유해균에 대항하는 인간의 공격을 보호 기능을 합니다. 남의 땅을 점령하고 군대를 설치하여 살던 사람을 쫓아내고 자기 집을 짓는 원리입니다. 내장이 아닌 구강에서도 유해균의 미생물막이 형성되어 치주염을 유발하기도 합니다(뮤탄스균 등). 양치를 3분이나 해야 하는 이유가 치약으로 이 유해균이 만든 막을 제거해야 하기 때문입니다.

미생물막은 항생제에 내성을 가지게 합니다. 유해균이 항생제에 대항하는 무기가 되는 셈입니다. 그리고 이 침입자는 일반적인 진단에서 잘 보이지도 않습니다. 장벽에 붙어 있기 때문입니다. 대변 샘플에서도 장벽을 점령하고 있는 미생물막의 유해균은 아주 적은 양이 검출될 것입니다. 그래서 더 찾기 어렵고 치료하기도 어렵습니다. 가장 안전하게 유해균의 미생물막을 견제하는 방안으로 프로바이오틱스를 제안하고 있습니다. 제국 군대와 대항하는 독립군 같은 존재입니다.

프로바이오틱스는 유해균이 미생물막이 형성되는 것을 방해합니다. 지속해서 유해균이 더 확장되지 못하도록 경쟁합니다. 유해균이 먼저 점령해버린 장이 유산균 한두 번 먹는다고 확 좋아지지 않는 이유가 여기에 있는 것 같습니다. 유산균과 프리바이오틱스를 꾸준하게 복용해야 하는 중요한 이유입니다. 단기간에 해결이 되지 않더라도 꾸준하게 먹어야 조금씩 미생물막이 제거될 수 있다고 하니까요. 유산균은 우리 몸속의 독립군입니다. 그러니 좋은 음식으로 그들이 유해균과 전쟁하는 것을 도와야 합니다[30].

---

30) https://www.frontiersin.org/articles/10.3389/fmicb.2017.00738/full https://ko.wikipedia.org/wiki/%EB%AF%B8%EC%83%9D%EB%AC%BC%EB%A7%89 https://www.ncbi.nlm.nih.gov/pmc/articles/PMC7049744/

관상, 손금 그리고 장 미생물

여러분은 사주나 관상을 믿습니까? 십수 년 전, 강남의 사주 카페에서 처음으로 사주를 보고 참으로 신기했던 기억이 있었습니다. 생년월일로 미래를 예측하는 겁니다. 과학적으로 말이 안 되죠. 그래도 혹하는 말을 하면 믿고 싶어지기도 합니다. 이와 비슷하지만, 조금 결이 다르게 운명을 예측하는 방법으로는 손금과 관상이 있습니다. 영화 〈관상〉에서 이정재가 했던 "내가 왕이 될 상인가?"라는 유명한 대사가 기억에 남습니다. 관상에 대한 개인적인 견해는 링컨의 말을 인용합니다.

"마흔이 넘으면 자기 얼굴에 책임을 져야 한다(Every man over forty is responsible for his face)."

누구나 한 번쯤 들어봤을 듯한 이 말은 미국인이 가장 존경하는 대통령 에이브러햄 링컨이 말했습니다. 대통령이 된 후 링컨은 요직에 등용할 많은 사람을 추천받았습니다. 면접을 보고 나서 얼굴이 마음에 안 든다고 추천자에게 얘길 하자, 추천자는 얼굴은 본인 책임이 아니라 부모가 그렇게 낳아준 것이니 그걸 문제 삼으면 안 된다고 했답니다. 이때 링컨이 "마흔이 넘으면 자기 얼굴에 책임을 져야 합니다. 마흔 이후의 얼굴은 스스로 만드는 겁니다."라고 말했다고 합니다. 잘생기고 못생기고의 잣대로 얼굴을 본 게 아니라, 그 사람의 인생을 얼굴에서 찾아본 것이죠.

전문가가 아니어도 누군가의 얼굴을 보면 그 사람이 어떤 인생을 살아왔는지 느껴질 때가 있습니다. 하루 5번씩 찡그리기를 20년간 했다면, 3만 6500번 찡그리게 됩니다. 반대로 하루 5번씩 웃기를 20년간 한다면 3만 6500번 미소 짓게 됩니다. 몇십 번까진 전혀 티가 나지 않겠지만 수만 번이 되면 얼굴에 깊은 흔적으로 만들 수 있습니다.

그럼 손금은 어떤가요? 위 두 가지의 경우에 비해 오히려 더 과학적입니다. 다양한 유전 증후군 사례에서 특정한 손금을 가지는 경향을 발견하기도 했다고 합니다. 일반적인 3선 혹은 5선 손금에 비해 다운증후군의 경우 1자 손금(원숭이 손금)을 가지거나 1자 손금이 2개인 시드니 손금을 가진다고 합니다. 물론 손금이 형성되는 시점에서 손의 형태나 잡는 힘이 변수가 되기도 합니다. 따라서 손금은 운명을 점치기보다는 유전적인 변형이나 습관을 예측하는 수단으로 더 적절합니다.

장내 미생물을 제2의 유전자라고 합니다. 엄마로부터 물려받는 점이 그리 불릴 만도 하지만 또 다른 변수는 엄마의 식성 역시 대를 잇는다는 점에서 유사성이 있습니다. 거기에 더하여 생애 초기에 아직 식민지가 되어 있지 않은 빈터에 먼저 자리 잡는 균이 아주 오래 그 사람의 메이저 균으로 자리 잡는다는 측면에서 손금과도 유사성이 있습니다.

많은 경우에서 성인의 경우 수개월 혹은 그 이상 식이 습관을 조절하거나 운동을 조절하고 체중을 변화시키는 경우에 가지고 있는 장 미생물의 농도가 변하는 경우는 있지만, 없던 균이 새로 만들어지지는 않는다고 합니다. 예를 들어 Japanese Sushi Bacteria로 불리는 Bacteroides Plebius는 어린 시절에 해조류를 접한 동양인에게만 발견되며 성인이 된 후 해조류를 접한 서양인에게서는 발견되지 않는 이유를 위와 같이 설명하고 있습니다.

따라서 이유식을 시작하는 시점에서부터 아이의 장은 매우 예민하게 그 시점에 들어오는 균에 의해 장의 유형이 결정되는 셈입니다. 그러니 그 전후에 한두 번 정도는 장내 미생물을 측정해보는 건 의미가 있을 겁니다. 이후에 변화가 있겠지만 특정 이벤트를 통한 변화를 알아내기 위해 이전 참조 자료로서 아주 중요한 의미가 있는 셈입니다. 진짜로 중요하고 필요한 건데 제대로 알려주지 못한다는 것이 너무 아쉽습니다. 장의 운명을 바꿀 수도 있는 중요한 검사일 수 있습니다.

MSG의 변명

꽤 오래된 이야기지만 지방의 맛집을 찾아가는 생방송이 있었습니다. 지방 어느 유명한 맛집을 찾아 리포터가 주인 할머니에게 묻습니다. 이 유명한 맛집의 주인은 60대인 맘씨 좋게 생긴 할머니였고, 그 집의 음식은 김치를 포함한 한식이었던 것으로 기억이 납니다.

리포터는 아주 능숙하게 음식을 달랑 한입 먹고 너무 맛있어서 환장할 것 같다는 표정을 지으며 주인에게 물어봅니다. "할머니, 음식 맛이 너무 좋아요. 정말 끝내주는 맛인데요, 비결이 뭐예요?" 리포터의 질문에 할머니는 인자한 웃음을 지으며 자랑스럽게 이야기합니다.

"우린 미원을 안 아껴!"

사실 조미료의 맛은 현대인에게 너무 익숙합니다. 조미료를 쓰면 왠지 안 될 것 같은 마음에 제 어머니께서는 조미료를 뒤에다 숨겨두곤 하셨습니다. 조미료 없이도 맛있어야 진짜 요리를 잘하는 것 같은 기분에 그랬지 싶습니다. 우리는 그저 막연하게 조미료가 몸에 좋지 않다는 선입견을 가지고 있습니다. 하지만 자세히 알고 보면 시금치가 몸에 안 좋을 확률이나 별반 다를 게 없습니다.

하지만 이 MSG의 핵심이 되는 글루탐산은 사실 흔합니다. 오래 끓인 곰탕에서 맛보는 감칠맛이 바로 글루탐산의 역할입니다. 글루탐산은 단백질을 구성하는 20가지 아미노산 중 하나로 각종 유제품이나 육류, 어류 등 동식물성 단백질에 천연으로 존재합니다. 채수나 된장, 젓갈 등 이 모두 이 글루탐산의 성분을 이용하는 방법입니다. 주로 동양의 음식에서 주로 사용하는 재료 중 '감칠맛'을 만들어내는 성분입니다. MSG는 이 글루탐산에 나트륨을 결합하여 신맛을 줄인 모노 소듐 글루타메이트(Mono Sodium L-Glutamate)입니다. 이 성분이 감칠맛을 낸다는 것은 알았지만, 대량으로 생산된 것은 1960년대 들어 일본의 화학자가 미생물 발효 공법을 성공시킨 이후입니다.

요즘의 MSG는 사탕수수의 원당을 코리네박테리움 등의 미생물을 이용하여 발효됩니다. 미생물이 원당을 먹고 글루탐산을 생성하고 나면 나트륨을 결합시킨 후 불순물을 제거하여 만들어집니다. 1969년, 생쥐한테 이걸 엄청나게 먹이고 해로운 신경학적 영향과 성장 및 발달 장애를 유발한다는 사실을 발견하여 논쟁거리로 만들어 유해함을 주장한 학자 혹은 회사가 있었지만, FDA, WHO, 식약처에서 모두 인체에 무해하다는 입장을 발표해왔습니다.

일설에 의하면 경쟁사에서 연구원에게 연구비를 지원하고 엄청나게 고농도의 MSG를 쥐에게 투여했다는 후일담이 있습니다. 마치 사람에게 설탕을 10kg 정도 먹이고 혈당이 올랐다고 하는 거나 다를 바 없었다는 이야기입니다[31]. MSG 소비는 일부 연구에서 체중 증가 및 대사 증후군과도 관련을 의심합니다. 하지만 또 다른 연구에서는 관련성이 없다고 합니다. 마치 연구자의 의도에 따라 유해하기도 했다가 아니기도 한 것 같습니다.

또 다른 연구에서 MSG에 민감하다고 지원한 60여 명의 사람에게 5g의 MSG 또는 위약이 투여되었습니다. 진짜 MSG 투여한 사람 중 36%는 MSG의 부작용을 경험한 반면, 위약을 복용한 그룹 중에서도 25%가 위

---

31) https://pubmed.ncbi.nlm.nih.gov/5778021/
https://pubmed.ncbi.nlm.nih.gov/19571220/

약에 대한 반응을 나타냈습니다. MSG를 먹지 않았는데도 본인이 MSG를 섭취하였다고 믿고 실제 불편함을 느끼게 된다는 겁니다. 그렇기에 심리적인 요인을 무시할 수 없습니다.

굳이 MSG를 줄이기 위해 쓸데없이 설탕을 더 넣어 조리하는 것이 차라리 더 몸에는 좋지 않습니다. 적당히 사용하고 설탕을 줄이는 게 더 현명합니다. MSG 말고도 다양한 식품첨가제들이 많이 있습니다. 그중 설탕을 대신하는 인공감미료는 인간이 소화하지 못하는 단맛이기 때문에 살이 안 찐다고 생각할 수 있지만, 때론 유해균의 주요한 먹이가 되어 유해균의 농도를 올리는 데 도움을 줄 가능성이 있다는 사실을 명심해야 합니다[32].

---

32) https://pubmed.ncbi.nlm.nih.gov/9215242/
https://www.healthline.com/nutrition/common-food-additives#section13

달콤한 유혹

그녀를 처음 만난 건 스타벅스였습니다. 커피를 주문하고 돌아서서 자리를 찾는데 그녀가 눈에 띄었습니다. 사실 그냥 지나칠 뻔하다가 한동안 너무 삭막하게 살아온 터라 그녀의 스윗함에 확 끌렸습니다. 그래서 한동안 그녀를 탐닉했습니다. 그녀는 너무 매력적이었으며, 끊어낼 수 없는 강한 달콤함으로 나를 유혹했습니다. 사실 처음에는 그녀를 탐하는 데 대한 죄책감 같은 건 없었습니다. 난 스윗함에 너무 굶주려 있었고 그녀는 너무 달콤했습니다. 그녀의 이름은 '아스파탐'입니다. **아라비아 공주 이름 같은가요? 사실은 무설탕 감미료의 대표적인 이름입니다.**

합성감미료의 일종인 아스파틸-페닐알라닌-1-메틸 에스터(Aspartyl-Phenylalanine-1-Methyl Ester)의 다른 이름으로, 일반 설탕보다 약 200배 높은 단맛을 냅니다. 대표적인 아미노산계 합성 감미료이자 설탕의 대용품으로 음식과 음료에서 널리 사용되고 있습니다. 공업적으로 생산할 때는 주로 아미노산인 아스파르트산(Aspartic Acid, 아스파라긴산)과 방향족 아미노산인 페닐알라닌 그리고 메탄올을 4:5:1의 비율로 섞어 만든다고 합니다.

고당도 감미료 중 설탕과 가장 비슷한 맛이 날 뿐 아니라 설탕의 200분의 1 정도만 사용하면 되기 때문에, 많은 식품에 설탕 대용으로 쓰이고 있으며 특히, 다이어트 콜라와 같은 저가당 식품에 많이 쓰입니다. 물론 FDA에서도 이 물질이 안전하다는 입장을 표명하고 있습니다.

하지만 두 가지 측면에서 간과된 것들이 있었습니다. 우선, 이 물질이 장내에서 장내 미생물과의 관련성을 보면 그리 안심할 만하지 않습니다. 과학자들은 수크랄로스(브랜드: 스플렌다), 아스파탐(브랜드: 뉴트라스위트, 이퀄, 슈가 트윈) 및 사카린(브랜드: 스위트앤로우, 넥타 스위트, 스위트 트윈)을 포함한 가장 인기 있는 인공감미료 중 세 가지가 두 가지 유형의 장내 박테리아에 병원성 영향을 미친다는 것을 발견했습니다. 특히, 실험실 데이터를 사용한 연구가 국제 분자 과학 저널(International Journal of Molecular Sciences)에 발표되었으며, 이러한 일반적인 감미료가 유익한 박테리아를 병원성으로 만들고 잠재적으로 심각한 건강 상태의 위험을 증가시킬 수 있음을 보여주었습니다.

이는 두 가지 유형의 유익한 박테리아가 어떻게 해롭게 변하고 장벽을 침범할 수 있는지를 보여주는 첫 번째 연구입니다. 연구된 박테리아는 대장균(E. coli)과 엔테로코쿠스 패칼리스(E. faecalis)였습니다. 이미 2008년에 연구자들은 수크랄로스가 장내 박테리아 수를 50% 낮추고 장의 pH 수준을 증가시킨다는 사실을 발견했습니다. 또 다른 연구에서는 수크랄로스가 박테리아에 대해 대사 효과가 있으며 특정 종의 성장을 억제할 수 있음을 발견했습니다[33].

이 연구의 데이터에 따르면 3가지 인공감미료 중 하나를 사용한 다이어트 탄산음료 2캔의 농도는 Caco-2 세포에 부착하는 대장균과 엔테로코쿠스 패칼리스의 능력을 상당히 증가시키고 박테리아 생물막의 발달을 증가시킬 수 있습니다. 박테리아가 **생물막**을 만들 때 장 세포벽의 침입을 촉진합니다. 생물막은 박테리아를 치료에 덜 민감하게 만들고 질병을 유발하는 독성을 발현할 가능성을 높입니다. 테스트한 3가지 감미료는 각각 한 가지 예외를 제외하고 박테리아가 Caco-2 세포를 침범하도록 촉발했습니다. 생리학 및 행동학회지(Physiology and Behavior)에 발표된 한 논문에서는 인공감미료가 대사 기능 장애를 촉진하는 세 가지 메커니즘을 다음과 같이 제시했습니다.

인공감미료는 포도당 조절과 에너지 항상성에 기여하는 학습된 반응을 방해합니다. 이들은 장내 미생물을 파괴하고 포도당 불내증을 유발합니다. 이들은 포도당 흡수에 역할을 하고 인슐린 분비를 유발하는 소화 시스템 전체에 걸쳐 발현되는 단맛 수용체와 상호 작용합니다. 과거 및 최

33) https://korean.mercola.com/sites/articles/archive/2021/08/04/%EC%9D%B8%EA%B3%B5%EA%B0%90%E B%AF%B8%EB%A3%8C%EA%B0%80-%EC%9E%A5%EC%9D%84-%ED%8C%8C%EA%B4%B4%ED%95%98%EB%8A%94-%EB%B0%A9%EC%8B%9D.aspx

근 연구에서 입증된 바와 같이, **인공감미료**는 설탕보다 장내 미생물군에 상당히 다른 영향을 미칩니다. 설탕은 해로운 미생물의 먹이가 되는 경향이 있기 때문에 해롭지만 인공감미료의 영향은 장내 세균에 완전히 유독하기 때문에 더 나쁠 수 있습니다.

그녀는 한동안 마치 팜므파탈처럼 설탕에 빠져 있던 우리에게 가뭄에 단비와 같이 열량 없이 달콤한 맛을 느낄 수 있는 새로운 신세계를 제공했습니다. 모든 콜라 회사가 0kcal 제품을 만들어 출시했습니다. 고지방 고열량의 햄버거 기름이 범벅이 된 치킨을 먹으면서 설탕이 빠진 무설탕 음료를 먹으면서 마치 다이어트를 한다는 착각을 하게 합니다. 설탕, MGS, 인공감미료 모두 인간이 먹을 수 있는 것들입니다. 다만 그 적당함이 어느 수준이라야 하는지 아무도 잘 알지 못합니다. 다만 장 미생물의 분석을 통해 확인할 수 있습니다.

입속의 박테리아

세리는 재영을 좋아합니다. 입사 때부터 그녀는 연구소의 재영이 너무 인상이 좋아 맘에 두고 있었습니다. 총무과에서 일하는 세리는 영수증을 들고 찾아와서 자금 처리에 쩔쩔매는 재영을 보며 오지랖 넓게 자기 일이 아닌데도 열심히 도와주곤 했습니다. 재영도 바보가 아닌지라 관심을 보이는 세리가 점점 좋아집니다. 그렇게 둘은 썸남, 썸녀가 되었고 마침내 정식 데이트를 하게 되었습니다. 한껏 멋을 부린 세리는 눈치 없이 나대는 심장을 부여잡고 밥이 목으로 넘어갔는지 코로 들어갔는지도 잘 기억이 나지 않지만, 어느새 소주를 두 병이나 비워버렸습니다.

알딸딸해진 두 남녀는 술기운을 핑계 삼아 영화의 한 장면처럼 세리의 집 앞에 있는 약간 으슥한 놀이터 가로등 앞에서 처음 손을 잡았습니다. 이제는 별로 말이 필요 없습니다. 이건 누가 봐도 키스 타임이니까요. 다가오는 재영을 보고 세리는 눈을 감았습니다. 그런데 헉! 세리는 저도 모르게 인상을 찡그리고 고개를 돌릴 수밖에 없었습니다. 재영의 미소와 함께 몰려온 그의 입 냄새는 마치 시궁창을 먹은 듯 썩은 내가 납니다. 영화에서 보던 그 멋진 키스 신을 상상했지만 그들의 첫 키스는 그렇게 끝났습니다[34].

---

34) https://www.sciencedirect.com/science/article/pii/S2213453018301642
https://www.nature.com/articles/s43705-021-00021-3#Fig3

구강 미생물은 장 미생물에 비해 양도 적고 장까지 살아가기도 쉽지 않지만 많은 연구에서 관련성이 입증되고 있습니다. 장에서처럼 입안에서도 박테리아는 유익균과 유해균이 균형을 이루고 있습니다. 양치질을 아무리 열심히 해도 하루만 빼먹으면 입안에서는 어느새 박테리아가 넘쳐납니다[35].

구강 미생물은 생각보다 다양한 위치에서 자리를 잡고 있습니다. 치아, 혀, 입천장, 혀 밑에 각각 미생물의 서식지가 있습니다. 입안에는 세균만 있는 게 아니라 곰팡이나 바이러스도 같이 존재합니다. 장에서와는 다소 다르게 피르미쿠테스, 바실러스, 프로테오, 악티노 등의 균들이 주종입니다. 이 균들은 생각보다 항상성이 있어 한두 번의 양치나 가글로 사라지거나 바뀌지 않는다고 합니다. 사람마다 조금씩 다르고 인종별로도 차이

35) https://www.sciencedirect.com/science/article/pii/S2213453018301642

가 있다고 하는데 무려 80종 이상의 균들이 균형을 이루고 있습니다.

보편적인 구강 박테리아는 **스트렙토코쿠스 뮤탄스**(Streptococcus Mutans), **포르피로모나스 진지발리스**(Porphyromonas Gingivalis), **포도상구균**(Staphylococcus), **프레보텔라**(Prevotella) **및 락토바실루스**(Lactobacillus) 등입니다. 이외에도 구강에는 볼거리 바이러스와 HIV 바이러스도 발견됩니다.

뮤탄스균은 구강 미생물의 주성분이며 치태의 주성분이기도 합니다. 치아의 경조직에서 발생하는 세균성 감염 질환으로, 구강 질환 중 가장 발병률이 높은 우식증의 주요 병원체이기 때문에 양치질로 제거해야 하는 주성분입니다. 반면 유익균의 대장인 락토바실러스도 구강에 존재합니다. 유산균 음료를 마시고 양치 안 하면 살아남은 걸까요? 프레보텔라는 장에서는 유익한 균이지만 구강에서는 치주염균이 되기도 합니다.

사람마다 구강 미생물이 다르게 형성되는 이유는 정확하지 않지만 먹는 음식, 흡연, 입을 벌리고 자는 습관, 양치, 음식을 씹는 습관까지 아주 다양한 습관과 환경의 조화로 이루어진다고 합니다. 입 냄새 역시 구강 미생물의 역할이 크게 차지하고 지만 사실은 좀 더 원인이 다양하며 양치질만으로는 해결되지 않는 경우도 많습니다.

편도결석은 편도의 작은 구멍에서 나오는 분비물과 입안의 침 그리고 이물질 등이 섞여 결석이 생기는 질환입니다. 이때 생기는 편도결석은 심한 악취를 풍기게 되는데 이것이 입 냄새를 만든다고 합니다. 간 질환의 경우 노폐물이 해독되지 않아 달걀 썩는 냄새가 날 수 있습니다. 병으로 인한 몸속 특정한 대사의 결과로 해당 냄새가 나게 되는데 주로 황화수소가 원인이 됩니다.

축농증이나 비염을 앓게 되면 코로 숨쉬기가 어려워 입으로 숨을 쉬게 되는데, 입으로 숨을 쉬게 되면 침이 마르고 입안이 건조해져 혐기균 대신 호기성균으로 균의 분포가 변하며, 호기성 세균 번식이 활발해지면 단백질 분해가 잘 일어나고, 그만큼 입 냄새가 생길 가능성이 커집니다. 소화불량이나 역류성 식도 질환 등이 있는 환자는 식도에서 발생하는 냄새가 입 냄새로 나타날 수 있습니다. 위장 내 출혈이 있는 경우에는 피 냄새가 입에서 생길 수 있습니다[36].

입 냄새, 구강 미생물 모두 진단을 목적으로 하는 경우에 중요한 인자가 되기도 하기 때문에 어쩌면 입 냄새와 침으로 병을 예측하는 시대가 올지도 모르겠습니다. 혹시 오늘 데이트가 있고 나한테 입 냄새가 나는지 확인하고 싶다면 어제 온종일 하고 있었던 마스크를 확인해보면 됩니다. 내 입에서 이런 냄새가 나는지 깜짝 놀랄지도 모릅니다. 가끔 양치로 해결되지 않는 입 냄새가 있습니다.

---

36) https://health.chosun.com/site/data/htmL_dir/2018/01/08/2018010801149.htmL

유산균이 넘치는 세상

오늘 14세 어린이의 장 검사 결과를 보았습니다. 특별하게 이상이 없어 보이는데 유산균이 너무 많습니다. 이렇게 많아도 되나 싶을 정도로 많습니다. 전체 장 미생물의 30% 이상을 차지하는 고농도입니다. 몸에 좋다고 하는 유산균을 아주 많이 먹인 사례입니다. 간혹 이런 엄마들이 있습니다. 유산균을 마치 소화제나 영양제로 착각하고 마구마구 먹이고, 먹습니다. 그런데 이런 아이치고 건강한 아이를 보지 못했습니다.

상업 유산균의 창시자인 메치니코프 박사는 유산균 예찬론자였습니다. 유산균을 모르던 시절에 확인한 기능과 효능에 홀딱 반해버렸습니다. 그의 유산균 제품은 유럽 시장을 휩쓸었고, 너무나 다양한 유산균 제품이 출시되었으며, 건강식품의 대명사가 되었습니다. 마시는 유산균, 떠먹는 유산균, 가루 유산균에 캡슐 유산균까지 정말로 무궁무진한 유산균 제품들이 있습니다.

대표적인 유산균인 락토바실러스는 사실 김치에도 있고 엄마의 모유에도 있습니다. 그러니 사실상 정상적으로 먹고 자란 한국인의 장에는 기본적으로 이 씨앗들이 다 존재하고 있는 셈입니다. 그래서 이 유산균이 잘 자랄 수 있는 환경을 만들어주는 게 더 중요합니다.

락토바실러스 '생착력'이 우수하다고 하는데 그 이유는 산에 강하기 때문입니다. 위산을 견뎌야만 갈 수 있는 장이기 때문에 위장의 강산성 환경(pH= 2)을 잘 견디는 균이 장까지 살아서 갈 확률이 높습니다. 그중 대표적인 유산균이 락토바실러스 아시도필러스(Lactobacillus Acidophilus)입니다. 이름을 지을 때 산(酸)과 친하다는 의미로 'Acid+Philus'라는 작명을 한 것이죠. 이외에도 다양한 락토바실러스균은 대체로 소장에서 면역에 도움이 되거나 장 건강에 도움이 된다거나 혹은 비만이나 당뇨에 도움이 되는 경우도 있습니다. 하지만 지나친 게 문제입니다. 하도 유산균이 좋다고 하니 1억 마리가 든 제품은 좋은 축에 끼지도 못합니다. 최소 100억 마리는 있어야 고급 제품으로 취급됩니다.

그런데 첨부한 논문에서 두 가지 지적을 하고 있습니다. 위장이나 장의 염증성 출혈이 있는 경우 과한 유산균이 혈액으로 침투하여 패혈증으로 사망한 경우입니다.

"장기 출혈이 있거나 천공(穿孔)이 생겼거나, 면역 체계가 약화된 사람이 프로바이오틱스를 과다 섭취하면 패혈증 등 생명을 위협할 감염 질환을 앓는 경우가 늘고 있다. 예컨대 LGG균은 세계에서 가장 많이 연구된 프로바이오틱스 균주이고, 국내 대부분 유업체도 LGG균 라이센스를 받아 기능성 식품 제품에 적용하고 있다. 하지만 2006년 스웨덴의 50대 여성이 매일 다량의 LGG균 식품을 먹다 패혈증으로 사망한 사례가 발생하면서 국제적으로 프로바이오틱스 부작용을 연구하고 있다[37]."

또 다른 사례로는 소장 세균 과증식 증후군(SIBO)이란 게 있습니다. 소장에는 원래 장내 미생물들이 적당하게 살고 있지만 간혹 이상적으로 증식을 하는 현상입니다. 본래 위산 분비나 장의 운동성, 췌장액 등의 분비로 적정량이 조절되어야 하는데, 복합적인 원인으로 소장에서 세균이 과

---

37) https://www.hankookilbo.com/News/Read/201806031122771111

증식하는 경우이며, 그중에 유산균도 중요한 역할을 하고 있다는 겁니다. 이로 인한 과민성 대장 증후군이나 비알콜성 지방간 등이 유발될 가능성이 있다고 합니다[38]. D-유산산증은 단장 증후군(대장이 손상되지 않은) 환자의 심각한 합병증입니다. 유산균이 과도하게 증식하여 발생합니다. 흡수되지 않은 당류는 소장에서 대장으로 이동하여 발효되어 젖산의 D-이성질체가 됩니다[39].

이처럼 과도한 유산균은 오히려 해가 될 수도 있다는 점을 이해하면 무조건 유산균이 많다고 좋은 건 아니라는 결론입니다. 우리는 유산균 제품을 만들어서 팔고 있습니다. 그런데 균 수가 적다는 지적을 받고 있습니다. 유산균을 만들 때 저가의 유산균은 99억 개 넣고 비싼 건 조금만 넣어서 '유산균 100억 마리'라는 요건을 맞추는 것은 어렵지 않습니다. 그러나 그럴 필요도 없고 '과유불급'의 소신에 맞지 않기에 오히려 유산균보다 더 비싼 최상급의 유산균의 먹이를 많이 넣어 원가만 올려버린 제품을 만들어버렸습니다.

장삿속 없는 사장의 무리한 욕심과 소신(?) 때문에 우리 영업 직원이 힘들어하고 있습니다. 유산균 제품은 분명 대부분 도움이 됩니다. 하지만 간혹 지나친 맹신과 과도함으로 인해 문제가 되기도 합니다. 적절한 균형이 중요하다는 사실을 어떻게 공감할 수 있을까 하여 이렇게나마 글로 남겨봅니다.

---

38) SIBO는 141개의 미세호기성 균주(연쇄상구균 60%, 대장균 36%, 포도상구균 13%, 클렙시엘라 11% 등)와 117개의 혐기성균(박테로이데스 39%, 락토바실러스 25 %, 클로스트리디움 20% 외)을 확인했다.

39) https://www.ncbi.nlm.nih.gov/pmc/articles/PMC2890937/

우린 불공평하게 태어난다

폭군이 지배하는 전체주의 시대를 겪은 인류는 그 포악함과 잔인함에 치를 떨며 인류에 공평한 권리와 존엄함을 주장하는 민주주의와 인본주의를 만들어내었습니다. 하지만 공평한 권리는 사실상 허상입니다. 모두 타고난 재주와 건강이 다르기 때문입니다. 특히 건강은 타고 나는 게 절반 이상인 것 같습니다.

아기들의 장 미생물을 분석해보고 있자니 그런 생각이 듭니다. '태어난 지 며칠 되지도 않았는데 어쩜 이렇게 다를 수가 있을까?' 가끔 유해균이 많은 아기를 보면 세상은 공평한 게 아니라는 생각이 듭니다.

우리 회사 최 과장이 생각납니다. 이 친구는 밥을 잘 챙겨 먹지 않습니다. 그리고 술과 담배도 즐기는 데다 운동도 잘 하지 않습니다. 그런데도 이 친구는 젊을 때부터 아파본 적이 없답니다. 그리고 우리 큰아들은 2년간 유학 기간에 고기를 어찌나 많이 먹었는지 우린 이 녀석을 육식동물로 인정하고 있습니다. 피부에 뾰루지가 잘 나는 것 빼고는 엄청 건강하고 똥도 아주 잘 쌉니다. 두 친구 모두 채식균은 거의 전멸 상태이었지만 본인들은 건강하다고 우깁니다.

반면에 저는 장 미생물 공부를 시작하면서 먹는 거나 운동에 엄청 신경을 쓰기 시작했습니다. 흰밥은 절대 안 먹고 콩과 귀리가 가득한 잡곡밥에 붉은 고기는 정말 아주 가끔만 먹었습니다. 동시에 이 3명의 장 미생물 검사를 한 결과, 너무 뜻밖에도 제 결과가 가장 나쁘게 나왔습니다. 그게 2년 전입니다.

저는 병원성균은 적지만 다양성이 낮고 알레르기 유발균도 있었습니다. 게다가 당뇨병과 관련이 있는 균들의 농도도 높은 편입니다. 이후에 집에 설탕은 아예 없앴습니다. 대신 단맛을 내는 스위트팜도 준비했다가 논문을 하나 보고 바로 버렸습니다. 이제 단맛은 올리고당과 양파로 충분합니다. 나잇살이라고 주장하는 뱃살이 조금 있기는 하지만 그래도 가려 먹고 운동도 하면서 2년이 지났습니다. 솔직히 그 기간에 완전한 금욕을 실천하지는 못했습니다. 가끔 너무 맛있는 치킨이나 탄산음료는 아주 가끔 입에 대곤 했습니다.

체중이 줄지는 않았지만, 당뇨 유발균은 농도가 줄고 다양성도 좀 더 증가했습니다. 대신 알레르기 유발균은 아직도 남아 있습니다. 잡곡을 줄이면 나아질 수도 있지만 알레르기 대신 당뇨를 얻기는 싫어서 잡곡을 유지하고 있습니다.

혼자 많은 생각을 해보았습니다. 문득 10살 때가 떠오릅니다. 아버지는 키가 작았던 저를 위해 아주 거금을 들여 녹용을 사셨고 어느 동네 한의원에서 이런저런 한약재를 섞어 보약을 지어주셨습니다. 지금처럼 한의대가 있던 시절도 아니라 동네 한의원은 구전으로 배운 한의술로 키 크는 보약을 지어주셨습니다. 한약을 먹기 시작하면서 바로 반응이 오기 시작합니다.

일단 밥이 무지하게 먹힙니다. 입이 짧았던 제가 밥을 무지하게 먹기 시작했고 키는 위로 크지 않고 옆으로 불어나기 시작했습니다. 키가 크려면 일단 많이 먹고 살이 쪄야 한다는 주장에 먹는 것을 멈추지 않고 살을 찌워댔습니다. 결국, 전 다른 형제들과 똑같이 170cm가 되었습니다. 더 작을 뻔한 저를 한약이 더 키워준 건지, 원래 클 만큼 큰 건지 누가 알겠습니까?

하지만 그 이후 저는 두 번 다시는 날씬해본 적이 없습니다. 아마 그때 장 미생물이 한번 변혁을 맞았을 거란 막연한 추정을 해봅니다. 그때 지금과 같은 장 미생물 검사가 있었다면 어떤 변화가 생기는지 볼 수 있었을 텐데…. 나이가 들어 문제를 인식하고 다시 고치려고 보니 참 힘이 듭니다.

여드름 잘 나는 아들은 드디어 고기를 줄이기 시작했습니다. 불어나는 체중과 사라지지 않는 피부 트러블을 제어하기 위해선 육식을 줄여야 한다는 것을 깨달았나 봅니다. 장 미생물 검사에서는 지방대사균이 조금 감소하고 있습니다. 이제 남은 건 최 과장을 개과천선 시키는 일입니다. 타고난 건강 체질이라도 나빠지는 건 시간문제이고 좋아지는 건 두 배 더 힘들기 때문입니다. 교과서대로 먹고 운동해도 어린 시절 틀어진 장 생태계는 단번에 돌아오기 어렵습니다. 나빠지는 시간보다 수십, 수백 배 힘들지만 그래도 좀 더 오래 건강하게 살려면 바로 지금 시작해야 합니다.

100% 완벽한 금욕 생활은 건강한 장을 얻는 대신 삭막한 인간관계와 까칠함을 얻을 뿐입니다. 가끔 어쩌다가 하는 일탈은 장이 미처 눈치채지 못하고 지나갈지도 모릅니다. 수십 번도 더 강조하지만, 균형과 조화로움에 정신적인 평화도 매우 중요하기 때문입니다. 인간은 불공평하게 태어납니다. 건강도 재산도 지능도…. 하지만 아주 극단적인 경우가 아니라면 나름 극복할 방법도 다 있습니다. 운동이 그중에 아주 중요한 부분입니다. 특히 튼튼한 코어 근육은 여러모로 아주 중요합니다. 결국, 건강의 가장 무서운 적은 방심과 나태함 그리고 치우침입니다.

미역국과 갑상선 그리고 장내 미생물

한국인들은 아주 어릴 때부터 미역국에 익숙해져 있습니다. 갓난아기 때부터 미역국의 냄새를 맡았을 테고, 미역국을 먹은 엄마의 젖을 먹었을 겁니다. 산모는 미역국이 좋든 싫든 몇 주간은 지겹도록 먹어야 합니다. 한국인에 많은 조류 분해균과의 관계를 떠나 미역은 좋은 음식이니까 산모한테 가장 좋은 음식으로 우리 모두 믿고 있습니다. 하지만….

갑상선암은 사망률은 낮지만 최근 가장 흔한 암입니다. 갑상선은 호르몬을 분비하는 기관이며, 갑상선 호르몬은 기초대사량을 높이고 거의 모든 신체 조직에 영향을 미칩니다. 물질 흡수, 장의 운동성은 모두 갑상선 호르몬의 영향을 받습니다. 장에서의 흡수, 생성, 세포 흡수, 포도당 분해를 증가시키고, 심장 박동의 속도와 강도를 증가시키며 또한 호흡 속도, 산소 섭취 및 소비를 증가시키고 미토콘드리아의 활동을 증가시켜 체온을 증가시킵니다. 갑상선 호르몬은 태아 발달과 출생 후 첫 몇 년 동안 뇌 성숙에 특히 중요한 역할을 하고 정상적인 성 기능, 수면 및 사고 패턴을 유지하는 역할을 합니다.

주위에 갑상선암으로 제거 수술을 한 사람이 대여섯 명 있습니다. 주로 직장 동료들이었는데 남자는 대부분 술꾼이었고, 여자분들은 그냥 평범한 사람들이었습니다. 죽지 않는 암이라고 알려져 있고, 갑상선 수술을 했다고 하는 사람이 하도 많으니 대수롭지 않게 여겨왔지만, 가까운 사람들이 그러니 관심이 자꾸 생깁니다. 갑상선암의 원인 중 의사들이 반복적으로 지목하는 내용은 음주와 스트레스 그리고 요오드입니다.

또 현대인의 식습관에 의한 원인을 주장하기도 합니다. 정제된 가공식품으로 영양분의 흡수가 빨라지면서 호르몬 분비의 항상성이 깨지면서 갑상선에 문제가 유발된다는 주장입니다. 뭐가 맞는지는 모르겠지만 아무튼 우리는 모두 이 병을 조심해야 합니다. 갑상선이 만들어내는 호르몬은 기초 대사에 관여하며, 물질의 흡수 및 장의 운동성에도 영향을 준다고 합니다. 장에서의 흡수와 포도당 분해에도 관여하기 때문에 미토콘드리아의 활동에도 영향을 줍니다[40].

---

40) https://en.wikipedia.org/wiki/Thyroid

장의 운동성에 영향을 주는 만큼 당연히 장 미생물에도 다양한 영향을 주고받습니다. 그리고 중요한 음식 중에는 요오드가 있는 음식과의 관련이 큽니다. 요오드는 주로 미역이나 김에 있는 성분으로 이를 접할 기회가 적은 내륙, 산간 지역의 임산부는 요도드 결핍 증후군을 가진 아이를 낳을 가능성이 크다고 합니다. 요오드의 부족은 갑상선 기능 저하의 원인이 되기도 합니다(대한 갑상선학회).

반면 요오드를 과잉 섭취하는 경우에는 자가면역 갑상선염에 의한 기능 저하증이나 기능 항진 등의 갑상선 질환이 빈도가 높아진다고 합니다. 자가 면역 갑상선염(하시모토 갑상선염) 이 대표적인데, 전 세계에서 요오드가 많이 포함된 다시마, 미역, 김을 가장 많이 먹는 나라가 일본이라 이런 병도 일본 사람 이름이 붙었습니다. 일본인 못지않게 우리나라 사람들도 즐겨 먹는 해조류가 주요한 요오드의 공급원입니다.

몸에 좋은 줄만 알았던 다시마, 미역 역시 지나친 건 안 좋습니다. 오늘도 '과유불급'입니다. 지인의 장 미생물 검사 결과 먹는 음식과 미생물의 분포가 아무리 봐도 맞지가 않습니다. 분명 박테로이데테스가 많아야 하는 식습관인데, 피르미쿠테스가 더 많이 검출되고 있습니다. 피르미쿠테스는 뚱보균으로 알려져 있는데 지인은 아주 말랐습니다. 문득 같이 밥 먹고 나서 갑상선 약을 먹었던 기억이 났습니다. 일부의 경우, 갑상선 문제로 인하여 장의 운동성이 떨어지고 이로 인해 소장의 미생물 과잉 증식 현상(SIBO)이 유발되기도 하며, 갑상선 질환 중 하나인 그레이브병(Grave's Ophthalmophathy)이 있는 경우에는 박테로이데테스가 감소하고 피르미쿠테스가 증가하는 현상이 나타나기도 합니다. 갑상선의 기능항진증에 속하는 이 병에 걸리면 불면증, 과민 증상, 가려움증, 설사, 고혈압 등의 다양한 문제들이 발생합니다[41].

---

41) https://doi.org/10.1016/j.tem.2019.05.008

갑상선 기능 저하증 환자 중에서는 간혹 장 미생물의 다양성이 더 증가하여 좋게 보이는 경우도 있다고 합니다. 이는 장의 운동성 저하로 미생물의 통과 시간이 길어지면서 생기는 현상이란 겁니다. 또한, 소장에서 정체 시간의 증가와 함께 SCFA(단쇄지방산)이 증가하면서 산도가 높아져서 박테로이데테스의 증식에 불리한 환경이 만들어진다는 논리입니다[42].

논리적인 추론에다가 그 현상을 실제로 확인하고 보니 역시 원인 없는 결과는 없음을 다시 한번 확인하였습니다. 장 미생물의 패턴을 해석할 때 이런 이상 내용을 알지 못하면 엉뚱한 해석을 해버릴 수도 있습니다.

---

42) Hagerstwon, MD: Lippincott Williams & Wilkins, ISBN 0-7817-7153-6.

여성 유산균

유산균의 홍수 속에서 남자들은 잘 모르는 광고가 나옵니다. 바로 여성 유산균입니다. 유산균도 암놈, 수놈이 있나? 여성 유산균은 뭐지? 여자만 먹는 건가? 사실, 짐작은 하지만 남편들은 아내가 그런 상품을 비싸게 구매를 하더라도 뭔지 물어보기도 민망한 터라 그 비싼 유산균 구매에 대해서 굳이 아는 척하지 않습니다.

Human Microbiome Project에서는 인체 모든 부위의 미생물을 측정하였습니다. 장에 사는 미생물이 인체 총 미생물의 90%를 차지하지만 의외의 장소에서 미생물들이 잘 자리 잡고 살고 있습니다. 예를 들어 콧속 점막이라든지, 여성 생식기의 점막 등이 그런 장소입니다. 점막으로 이루어져 병원균의 침투가 용이한 이 두 장소에 공통적인 파수꾼 같은 균이 바로 유산균입니다.

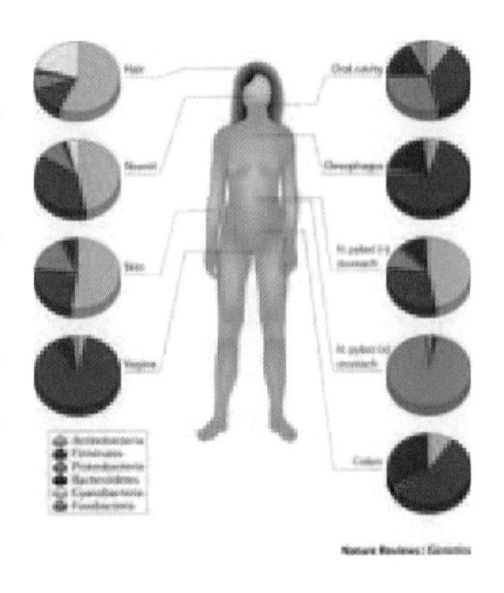

여성 생식기인 질에는 유산균을 포함해서 평균적으로 10여 종 미만

의 균들이 서로 균형을 이루고 있습니다. 박테리아는 락토바실루스 속(90~95%)이며, 가장 흔한 것은 **L. crispatus, L. iners, L. jensenii** 및 **L. gasseri**입니다. 이외에도 상재균들과 곰팡이균들이 있는데 이 균들은 지역적인 특성이나 개인적인 차이에 의해 구성이 달라집니다. 온도나 습도, 청결도, 식습관, 옷을 입는 습관까지 다양한 내외부적인 차이들이 있지만 공통적으로 유산균이 지배종일 때 건강이 유지된다는 점을 동일합니다. 이 유산균들은 일반적으로 질 생태계의 문지기로 여겨져 왔습니다.

반면에 유해균으로는 박테로이드 프라길리스(Bacteroides fragilis), 대장균(Escherichia coli), 가드네렐라균(Gardnerella vaginalis), Mobiluncus spp. 임균(Neisseria gonorrhoeae), Peptostreptococcus anaerobius, 프레보텔라 비비아(Prevotella bivia) 및 황색포도상구균(Staphylococcus aureus)과 같은 병원성 미생물인데, 이것들은 여성 생식기에 자주 검출되는 균들입니다. 장 점막과 마찬가지로 질 점막 역시 유익균이 우세하여 유해균을 억제하는 균형이 필요합니다. 지나치게 깔끔해서 너무 깨끗하게 세제로 씻는 경우나 그 반대로 청결하지 못한 상태 혹은 면역력의 저하로 점막이 느슨해진 경우에 생식기의 염증을 비롯한 여성 질환이 쉽게 감염될 수 있습니다.

그러면 먹는 유산균이 과연 질 유산균의 증식에 도움이 되는가 하는 의문이 생깁니다. 유산균의 경로를 추정해보면 구강에서부터 장을 거쳐 항문까지 이르는 경로는 소화기를 이해하면 당연한 것으로 볼 수 있지만 생식기에는 내부적인 경로는 방광을 거쳐 소변이 지나는 경로와 자궁으로 연결되는 두 가지 경로뿐인데 이 경로는 논리적으로 장내 미생물이 연결되는 경로가 없습니다. 자궁과 방광 둘 다 장에 있던 유산균이 유입할 수 있는 경로가 없기 때문입니다. 일부 소변에서 기인하는 유해균이 있다고 하지만 유산균이 소변을 통해 질의 점막으로 이어지는 경로는 파악된 사례가 없으며, 자궁으로부터 기인한다는 연구도 본 적이 없습니다.

그렇다면 결국 항문으로 이어지는 회음부를 통해 전달되는 경로뿐인데 이렇게 어렵게 전달될 바에는 그냥 바로 질에 코팅을 해주면 안 되나 싶습니다. VMT(Vaginal Macrobiome Transfer) 일명, 질 미생물 이식 요법은 FMT(Fecal Microbiome Transfer)에서 힌트를 얻은 비뇨기과 의사들에 의해 시도되었습니다. 만성 질염을 가진 환자는 사실상 유해균 혹은 곰팡이균 등의 미생물막에 의해 질 점막이 점령되어 있으며, 먹는 유산균이나 항생제 치료로 쉽게 회복이 되지 않습니다. 이런 경우 대변 이식과 같은 방법으로 치료한 결과, 유의미하게 개선된 결과를 보여주고 있습니다. 생균만 정제해서 주입하는 방법이 아니라, 건강한 사람의 질액을 추출해서 코팅해주는 방식입니다. 하루, 이틀에 해결되지 않으며 수개월 간 지속해주면 좋아진다고 합니다.

유산균 그 자체로 유해균을 억제하거나 박멸하는 게 아니라 유산균의 부산물이 유해균의 증식을 억제하는 기능을 하며 아직까지 파악하지 못한 기전으로 유해균을 억제한다는 추정으로 VMT가 아주 일부 실행되었다고 합니다. 충분히 개연성이 있으며 어쩌면 여성 유산균 제품은 먹는 제품보다는 좌약의 형태로 나올 가능성이 더 크다고 볼 수 있습니다. 지금까지 먹은 여성 유산균 프로바이오틱스가 과장이나 허위 광고가 아니라 비용 대비 효과가 크지 않을 것 같다는 우려입니다.

한편 수년 전, 유럽 폴란드의 한 맥주 회사는 '디 오더 오브 요니'는 독특한 맥주를 생산하기 위해 여성의 질 속에 서식하는 유산균을 받아서 맥주 발효 효모로 이용했다고 합니다. 요니(Yoni)라는 단어는 산스크리트어로 여성의 질(Vagina)을 뜻합니다. 해당 회사는 체코의 미녀 모델 알렉산드라 브랜드로바(Alexandra Brendlova)의 유산균을 사용하고 있으며, 브랜드로바에게 거액(17만 달러)의 로열티를 지급하고 유산균을 받아 품질이 뛰어난 맥주를 발효 숙성시켜 생산한다고 합니다.

"당신이 꿈꾸는 여성, 욕망의 대상을 상상해보세요. 그녀의 매력, 관능적인 아름다움, 열정…. 이제 그녀의 맛을 마시고, 그녀의 냄새를 맡고, 그녀의 목소리를 들을 수 있고…."

질 맥주의 값은 한 병에 7천 원 정도이고 질 속 유산균을 제공한 여성 모델 모니카, 파울리나의 사진이 라벨로 각각 붙어 있습니다. 성에 개방적인 유럽이지만 참 대단한 상술입니다. 하지만 유럽에서도 이 맥주는 폭망했습니다. 아무도 이 맥주를 좋아하지 않습니다. 호기심에 한번 먹어보는 사람은 있어도 두 번 먹는 사람이 없답니다. 역시 술은 효모가 만들어야 제맛인가 봅니다[43].

43) https://www.nature.com/articles/s41591-019-0600-6

맺음말

마이크로바이옴을 공부하고 수천 건의 똥을 분석하면서 아픈 사람들의 속을 들여다보면서 깨달은 점은 '과유불급', 즉 중용의 진리입니다. 세상에 그 어떤 것도 완벽하다고 해서 좋은 게 없기에, 그 무엇이든 넘치는 것은 모자란 것보다 더 나을 수 없다는 진리를 일깨워줍니다.

인간의 몸이 신이 빚어낸 것이든, 진화의 결과물이든 지금 우리의 몸은 아주 복잡하게 만들어진 유기체입니다. 수억 년간 생명체가 진화하는 동안 만들어진 이 복잡한 생태의 조화를 불과 몇십 년 만에 유전체의 분석과 빅데이터 분석으로 다 알아내겠다는 의지는 그저 욕심에 불과합니다. 이제 겨우 수박의 파란 껍질을 벗겨낸 정도의 깨달음을 가진 인류가 다 안다고 착각하는 게 가장 무서운 것이자 경계해야 하는 점이란 것을 깨달습니다.

새롭게 떠오르는 장내 미생물은 인간의 건강에 아주 밀접하다는 사실 정도는 이해할 수 있게 되었습니다. 하지만 분석 결과에 대한 솔루션이 너무 뻔해서 이젠 식상하기도 합니다. '잡곡과 채소가 좋다, 나이 들수록 된장을 더 먹어야 한다, 유산균이 좋다, 운동을 해야 한다, 너무 달거나 짜게 먹으면 안 된다.' 온통 안 되는 것만 알려주고, 하기 싫은 것만 하라고 합니다. 그래야 건강하게 살 수 있다고 합니다.

하지만 우리는 기름진 삼겹살이 맛있고, 생크림과 슈거 파우더가 잔뜩 올라간 빵이 너무 좋습니다. 이 좋은 걸 안 먹고는 못 살 것 같습니다. 어쩌다가 한 번도 안 된다면 인생이 얼마나 각박할까요? 그래서 이왕에 먹을 거면 내 몸을 이해하고 먹으면 더 좋겠다 싶었습니다.

절대적으로 좋은 균은 없고 절대적으로 나쁜 균도 그리 많지 않습니다. 그렇기에 많은 분이 내 몸에 어떤 균이 사는지 궁금해했으면 좋겠습니다. 그리고 내가 먹는 음식과 내가 사는 방식이 어떻게 그들에게 영향을 주는지 아셨으면 좋겠습니다. 만약 그들을 조금이나마 이해한다면, 그중 몇 가지라도 우연히 발견된 균이 어쩌면 생명 연장의 열쇠가 될 수도 있습니다.

"나는 내 몸의 주인입니다. 내 몸은 45조 박테리아의 우주이며, 내가 바로 그 우주입니다."

의학의 발달로 생명이 날로 연장되는 만큼 길어진 인생이 더 윤택해지려면 장이 오래 버텨줘야 합니다. 이 책은 각종 논문과 임상 증례의 비유를 통해 어렵기만 한 장내 미생물 그리고 이와 연관된 내용을 이해하기 쉽게 해석한 사례 모음입니다. 프로바이오틱스에 대한 오해와 유익균, 유해균에 대한 이해를 넓히는 데 조금이나마 도움이 되길 바랍니다.

똥박사 마 부장의
장내 미생물 이야기
1편: 마이크로바이옴 - 균형에 대하여

1판 1쇄 발행 2022년 5월 27일
1판 2쇄 발행 2022년 6월 21일

저자 마상배
홈페이지 http://www.aibiotics.kr/ **이메일** sbma@aibiotics.kr

교정 윤혜원 **편집** 문서아
마케팅 박가영 **총괄** 신선미

펴낸곳 하움출판사 **펴낸이** 문현광

이메일 haum1000@naver.com **홈페이지** haum.kr
블로그 blog.naver.com/haum1000 **인스타그램** @haum1007

ISBN 979-11-6440-184-0 (03470)

좋은 책을 만들겠습니다.
하움출판사는 독자 여러분의 의견에 항상 귀 기울이고 있습니다.
파본은 구입처에서 교환해 드립니다.